IUV-ICT技术实训教学系列丛书

IUV-承载网
通信技术实战指导

罗芳盛 林磊◎编著

U0277529

人民邮电出版社

北　京

图书在版编目（CIP）数据

IUV-承载网通信技术实战指导 / 罗芳盛，林磊编著
. -- 北京 ：人民邮电出版社，2016.2
（IUV-ICT技术实训教学系列丛书）
ISBN 978-7-115-41154-9

Ⅰ. ①I… Ⅱ. ①罗… ②林… Ⅲ. ①通信网—通信技
术 Ⅳ. ①TN915

中国版本图书馆CIP数据核字(2016)第016641号

内 容 提 要

　　本书以《IUV-4G全网规划部署线上实训软件》为基础，图文并茂地介绍了软件使用操作，以及专业
仿真实训指导步骤。各实习单元结合现网典型应用场景，用实例帮助读者理解承载网理论知识的实际运用。
通过网络规划、容量规划、设备部署与联调、业务对接测试和故障处理等功能模块的实操训练，模拟出
4G 承载网从规划到开通的整改流程，令读者对 4G 全网形成整体概念，由浅入深、由点及面地全面掌握
4G 承载网的工程技能。

　　本书的读者对象是需要通过 IUV-4G 软件平台，获得 4G 承载网规划设计、网络建设、调测维护等工
程项目的仿真实训的技术人员，也可作为高等院校通信技术专业 4G 全网建设课程的教材或参考书。

◆ 编　著　罗芳盛　林　磊
　　责任编辑　乔永真　李　静
　　责任印制　彭志环
◆ 人民邮电出版社出版发行　　北京市丰台区成寿寺路 11 号
　　邮编　100164　 电子邮件　315@ptpress.com.cn
　　网址　http://www.ptpress.com.cn
　　固安县铭成印刷有限公司印刷
◆ 开本：787×1092　1/16
　　印张：19　　　　　　　　　2016 年 2 月第 1 版
　　字数：450 千字　　　　　　2024 年 8 月河北第 11 次印刷

定价：45.00 元
读者服务热线：(010)53913866　印装质量热线：(010)81055316
反盗版热线：(010)81055315

前　言

随着移动宽带技术的大力发展，截至 2015 年 10 月，我国 4G 用户数已经突破 3 亿人，年均环比增长 8%以上。同时，伴随着国家大力推进移动互联网，移动宽带技术"提速降费"措施的落实，传统行业不断向"互联网+"进行转型升级，4G 用户数在未来的 2 年将会保持较高的增长态势，4G 网络建设的大潮将会进一步发酵。

据不完全统计，全国 4G 移动基站数目在 2015 年年底突破了 200 万个。三大运营商在未来 5 年将继续加大基站建设投入，以保证 4G 业务纵深覆盖，覆盖率在未来 2 年将达到 80%以上。移动基站建设大潮带来的直接就业岗位达 50 万个以上，间接就业岗位更达 70 万个以上。

为了满足市场的需要，IUV-ICT 教学研究所针对 4G-LTE 的初学者和入门者，结合《IUV-4G 全网规划部署线上实训软件》编写了这套交互式通用虚拟仿真（Interactive Universal Virtual，IUV）教材，旨在通过虚拟仿真技术和互联网技术提供专注于实训的综合教学解决方案。

"4G 移动通信技术"方向和"承载网通信技术"方向，采用 2+2+1 的结构编写：2 个核心技术方向和 1 个综合实训课程。

"4G 移动通信技术"方向的教材有《IUV-4G 移动通信技术》《IUV-4G 移动通信技术实战指导》；"承载网通信技术"方向的教材有《IUV-承载网通信技术》《IUV-承载网通信技术实战指导》；综合 4G 全网通信技术的实训教材是《IUV-4G 全网规划部署进阶实战》。

2 个核心技术方向均采用理论和实训相结合的方式编写，一本是技术教材，注重理论和基础学习，配合随堂练习完成基础理论学习和实践；另一本实战指导是结《IUV-4G 全网规划部署线上实训软件》所设计的相关实训案例。

综合实训课程则将 4G 全网的综合网络架构呈现在读者面前，并结合实训案例、全网联调及故障处理，使读者能掌握到 4G 全网知识和常用技能。

本套教材理论结合实践，配合线上对应的学习工具，全面学习和了解 4G-LTE 通用网络技术，涵盖 4G 全网的通信原理、网络拓扑、网络规划、工程部署、数据配置、业务调试等移动通信及承载通信技术，对高校师生、设计人员、工程及维护人员都有很好的参考和实际意义。

从内容上看，本书分为三部分。第一部分为 OTN 组网及实践，包含第 1～5 实习单元，主要内容为 OTN 网络规划和业务开通；第二部分为 IP 承载组网及实践，包含第 6～14 实习单元，主要内容是 IP 承载网络规划和业务开通；第三部分为综合组网实践及故障排查，包含第 15～16 实习单元，包含承载网全网联调和典型故障处理流程。

主要内容说明如下。

第 1～5 实习单元，包含 OTN 规划和调测，包括拓扑规划、设备部署、业务开通等，重点介绍了 OTN 的几种常见的业务开通流程。

第 6～14 实习单元，包含 IP 承载网的规划、容量计算、设备部署、业务开通，重点介绍了路由、交换的典型场景应用和配置流程、验证方法。

第 15 实习单元，是一个综合的业务调测练习，重点介绍了 IP 承载网、光传输网如何协同工作，以及如何与无线设备、核心网对接。通过此单元读者可以全面了解 4G 网络的联调过程，巩固和加深对全网概念的理解。

第 16 实习单元，是一个承载网故障处理的练习，重点介绍了大型承载网环境下故障处理的步骤与思路，帮助读者抽丝剥茧，逐步建立故障处理的思维体系，掌握故障排查的基本方法。

目　　录

第一部分　OTN 组网及实践

第二部分 IP 承载组网及实践

第三部分 综合组网实践及故障排查

第一部分　OTN 组网及实践

实习单元 1

OTN 拓扑结构

1.1 实习说明

1.1.1 实习目的

了解 OTN 的各种组网结构。

掌握 OTN 链型、环型、环带链的网络拓扑搭建。

1.1.2 实习任务

1. 完成链型网络拓扑规划。
2. 完成环型网络拓扑规划。
3. 完成环带链网络拓扑规划。
4. 完成复合型网络拓扑规划。

1.1.3 实习时长

1 课时

1.2 拓扑规划

实习任务拓扑规划如图 1-1 所示。

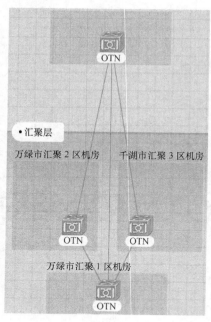

图　1-1

数据规划

无

1.3 实习步骤

1.3.1 任务一：完成链型网络拓扑配置

步骤 1：打开仿真软件，单击最上方 网络拓扑规划 按钮。

步骤 2：单击软件界面右上方 光传输网 按钮，进入 OTN 部分网络拓扑规划主界面。

步骤 3：左键单击软件界面右上方资源池 按钮，按住不放，将 OTN 站点拖放至软件界面万绿市 1 区汇聚机房空白处，完成结果如图 1-2 所示。

步骤 4：重复步骤 3，将 OTN 站点拖放至万绿市 2 区汇聚机房空白处，完成结果如图 1-3 所示。

步骤 5：单击万绿市 2 区汇聚机房 OTN 站点，然后再单击万绿市 1 区汇聚机房 OTN 站点，完成链型网络拓扑连接，如图 1-4 所示。

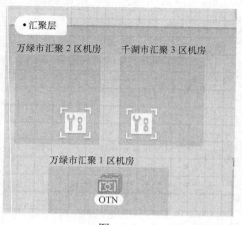

图　1-2

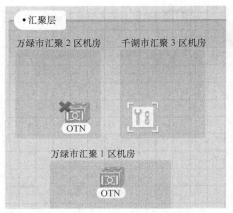

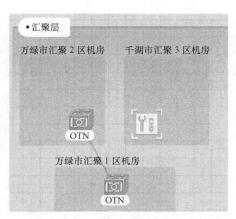

图　1-3　　　　　　　　　　　　　图　1-4

1.3.2　任务二：完成环型网络拓扑配置

步骤 1：重复任务一，然后将 OTN 站点拖放至万绿市中心机房空白处，完成结果如图 1-5 所示。

步骤 2：分别单击万绿市 2 区汇聚机房 OTN 站点和万绿市中心机房 OTN 站点，万绿市中心机房 OTN 站点和万绿市 1 区汇聚机房 OTN 站点，完成环型网络拓扑连接，如图 1-6 所示。

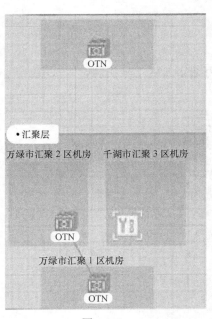

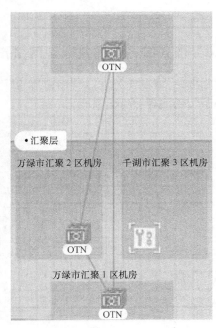

图　1-5　　　　　　　　　　　　　图　1-6

1.3.3　任务三：完成环带链网络拓扑配置

步骤 1：重复任务二，然后将 OTN 站点拖放至万绿市 3 区汇聚机房空白处，完成结果如图 1-7 所示。

步骤 2：单击万绿市 1 区汇聚机房和万绿市 3 区汇聚机房，完成环带链网络拓扑，如图 1-8 所示。

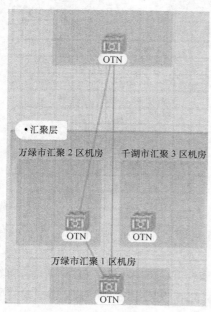

图 1-7

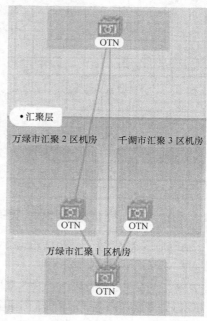

图 1-8

1.3.4 任务四：完成复合型网络拓扑配置

步骤：重复任务三，单击万绿市中心机房和万绿市 3 区汇聚机房，完成复合型网络拓扑，如图 1-9 所示。

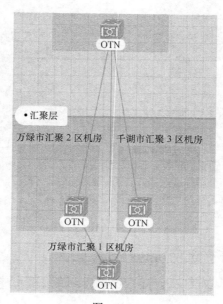

图 1-9

1.4　总结与思考

1.4.1　实习总结

网络的拓扑结构跟网络连线有关，会随着站点数量和物理位置的变化而变化。

1.4.2　思考题

如何删除配置错误的站点或者连线？

1.4.3　练习题

请完成一个以万绿市中心机房为根节点，其他三个汇聚机房为叶节点的星型组网图。

实习单元 2

设备配置

2.1 实习说明

2.1.1 实习目的

了解 OTN 中小型设备的应用场景。

掌握 OTN 各单板的主要作用和功能。

掌握 OTN 内部纤缆的种类和应用。

掌握 OTN 与 PTN 及与 ODF 架的连线。

2.1.2 实习任务

任务一：万绿市 1 区 PTN 设备及 OTN 设备的安装。

任务二：万绿市 1 区 PTN 设备与 OTN 设备的连接。

任务三：万绿市 1 区 OTN 设备与 PTN 设备的连接。

2.1.3 实习时长

3 课时

2.2 拓扑规划

实习任务拓扑规划如图 2-1 所示。

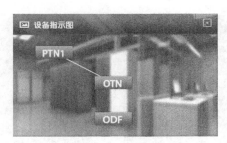

图　2-1

数据规划

站点：万绿市 1 区汇聚机房。

产品型号：中型 PTN，中型 OTN。

参数规划：PTN1 槽位 1 端口 10GE 速率单板为客户侧数据的发送和接收单板。

OTN 槽位 14 OTU10G 单板为波分设备的客户侧数据发送和接收单板。

OTN 槽位 11OBA、槽位 21OPA 为与 ODF 架对接单板。

ODF 架 2T 与 2R 为与 OTN 对接端口。

2.3　实习步骤

2.3.1　任务一：完成万绿市 1 区 PTN 设备及 OTN 设备的安装

步骤 1：打开仿真软件，选择最上方 设备配置 按钮，如图 2-2 所示。

图　2-2

步骤 2：在软件界面找到万绿市 1 区汇聚机房所代表的热气球，单击进入站点，如图 2-3 所示。

图 2-3

步骤 3：单击从左往右数的第一个黄色箭头下方的机柜，如图 2-4 所示。

图 2-4

进入机柜内部，如图 2-5 所示。

图 2-5

步骤 4：单击软件界面右边设备池中选择中型 PTN 设备，按住不放，将 PTN 设备拖放至左边第一个机柜当中,完成结果如图 2-6 所示。

图　2-6

步骤 5:单击软件界面左上方　![按钮]　按钮,返回至上一界面。

步骤 6:单击从左往右数的第二个黄色箭头下方的机柜,如图 2-7 所示。

图　2-7

进入机柜内部,如图 2-8 所示。

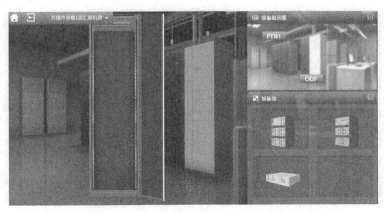

图　2-8

步骤 7：单击软件界面右边设备池中的中型 OTN 设备，按住不放，将 OTN 设备拖放至左边机柜当中，完成结果如图 2-9 所示。

图 2-9

步骤 8：重复步骤 5，单击软件界面左上方 按钮，返回至上一界面，任务一完成。此时我们可以在软件界面的右上方看到设备指示图如图 2-10 所示。

图 2-10

2.3.2 任务二：完成万绿市 1 区 PTN 设备与 OTN 设备的连接

步骤 1：单击软件界面右上方 PTN1 图标，进入 PTN1 设备配置，如图 2-11 所示。

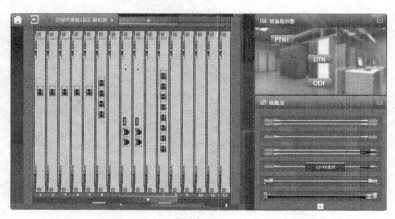

图 2-11

　　步骤 2：在右边的线缆池中单击 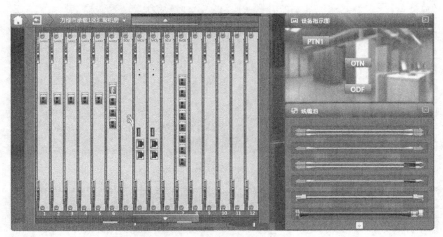 成都LC-LC光纤，然后再单击机框配置图从左往右数的第 6 块 10G 速率单板第一端口，完成 PTN 设备的 10G 客户侧业务的连线，如图 2-12 所示。

图　2-12

　　步骤 3：完成上一步骤的同时，再单击右上方设备指示图中 OTN 图标，进入 OTN 设备配置，如图 2-13 所示。

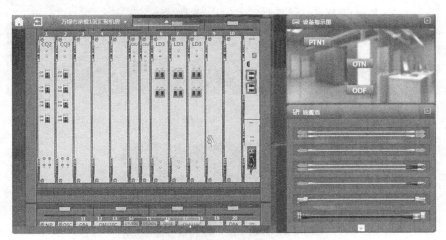

图　2-13

　　步骤 4：将鼠标停放至 图标白色向下箭头处，此时界面会向下滚动，到第二层机框时将鼠标移动开，停留在第二层机框位置，如图 2-14 所示。

　　步骤 5：此时将黄色的光纤头安装在第 14 槽位 OTU40GC1T/C1R 处，如图 2-15 所示。

　　步骤 6：单击软件界面左上方 按钮，此时完成了 PTN 与 OTN 设备对接的任务，在设备指示图中可以看到如图 2-16 所示的结果。

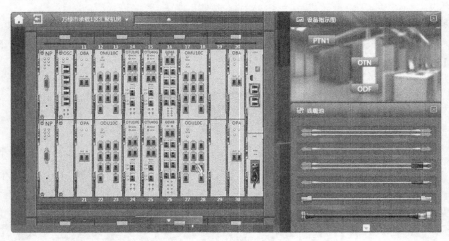

图 2-14

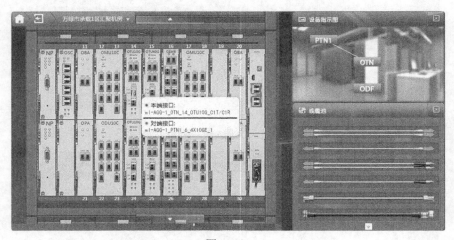

图 2-15

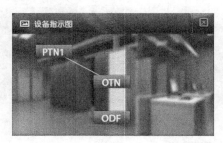

图 2-16

2.3.3 任务三：完成万绿市 1 区 OTN 设备与 ODF 设备的连接

步骤 1：单击软件界面右上方 OTN 图标，进入 OTN 设备配置，如图 2-17 所示。

步骤 2：将鼠标停放置 白色向下箭头处，此时界面会向下滚动，到第二层机框时将鼠标移动开，停留在第二层机框位置，如下图 2-18 所示。

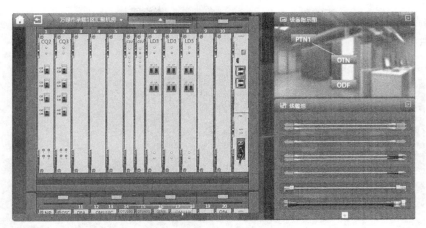

图　2-17

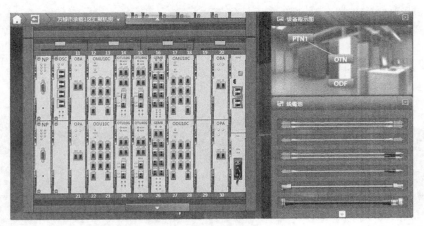

图　2-18

步骤 3：在右边的线缆池中单击 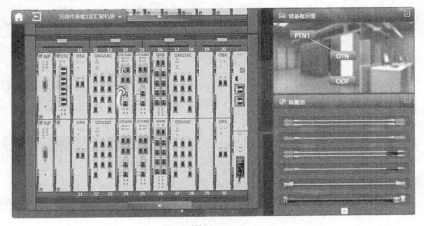 LC-LC光纤，然后再单击机框配置图中第 14 槽位 OTU10G 板的 L1T 接口，将光纤的其中一端插在此端口上，如图 2-19 所示。

图　2-19

步骤 4：再单击第 12 槽位 OMU 单板，将黄色光纤的另一端连在 CH1 端口，如图 2-20 所示。

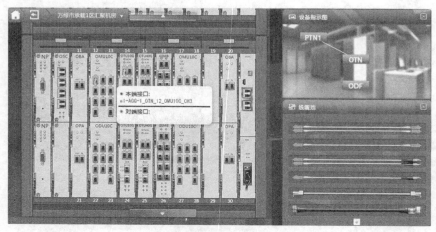

图 2-20

步骤 5：重新在线缆池里另取一根 LC-LC 光纤，将其中一端连在 12 槽位 OMU 的 OUT 口，另一端连在 11 槽位 OBA 的 IN 口，如图 2-21 所示。

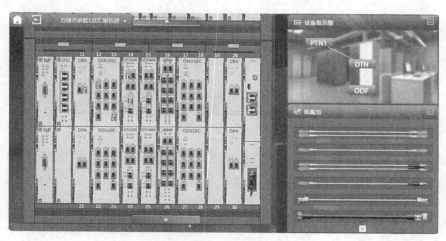

图 2-21

步骤 6：重新在线缆池里另取一根 LC-FC 光纤，将其中一端连在 11 槽位 OBA 的 OUT 口，然后再单击设备指示图中的 ODF 图标，将另一端连在 ODF 的 2T 口，如图 2-22 所示。

步骤 7：重新在线缆池里另取一根 LC-FC 光纤，将其中一端连在 ODF 的 2R 口，然后再单击设备指示图中的 OTN 图标，重复步骤 2，屏幕滚动至第二机框时停止，将另一端光纤连在 21 槽位 OPA 的 IN 口，如图 2-23 所示。

步骤 8：重新在线缆池里另取一根 LC-LC 光纤，将其中一端连在 21 槽位 OPA 的 OUT 口，另一端连在 22 槽位 ODU 单板的 IN 口，如图 2-24 所示。

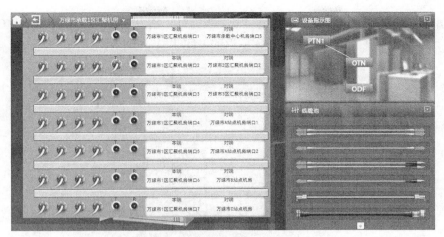

图　2-22

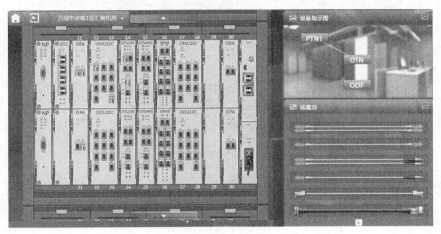

图　2-23

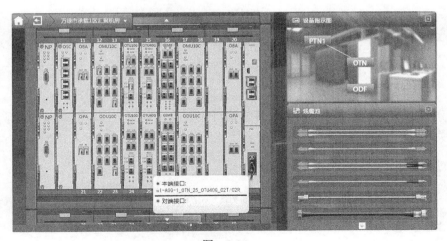

图　2-24

步骤 9：重新在线缆池里另取一根 LC-LC 光纤，将其中一端连在 22 槽位 ODU 的 CH1 口，另一端连在 14 槽位 OTU10G 单板的 L1R 口，如图 2-25 所示。

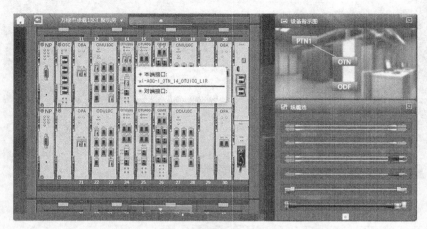

图　2-25

步骤 10：此时完成了 OTN 到 ODF 的连接，任务三完成，在设备指示图中可看到如图 2-26 的结果。

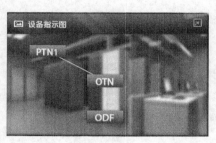

图　2-26

2.4　总结与思考

2.4.1　实习总结

波分侧的内部连线都是单根的光纤，信号流要有去有回，设备的端口与选取的光纤类型有关。

2.4.2　思考题

如何删除配置错误的机框类型和内部光纤连线？

2.4.3　练习题

请完成万绿市 2 区汇聚机房 PTN—OTN—ODF2T/2R 的连接。

实习单元 3

点到点业务配置

3.1 实习说明

3.1.1 实习目的

掌握 OTN 频率的配置。

掌握 OTN 点到点的组网应用。

掌握光路检测工具的应用。

3.1.2 实习任务

完成万绿市 1 区和 2 区 OTN 一波业务的频率配置，实现两站点之间的业务开通。

3.1.3 实习时长

2 课时

3.2 拓扑规划

实习任务拓扑规则如图 3-1 所示。

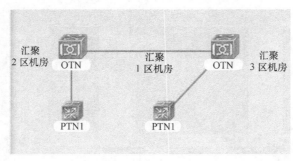

图 3-1

数据规划

站点：万绿市 1 区汇聚机房，万绿市 2 区汇聚机房。

产品型号：中型 PTN，中型 OTN。

参数规划：1 区汇聚机房采用 192.10Hz 波长，2 区汇聚机房采用 192.10Hz 波长。

3.3 实习步骤

任务：完成万绿市 1 区和 2 区 OTN 一波业务的频率配置，实现两站点之间的业务开通

前提条件：完成万绿市 1 区、2 区汇聚机房单站的设备配置的情况下，如图 3-2、图 3-3 所示。

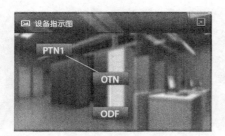

图 3-2　万绿市承载 1 区完成图

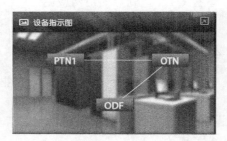

图 3-3　万绿市承载 2 区完成图

步骤 1：右击软件界面右上方 ▢数据配置 按钮，进入数据配置界面，如图 3-4 所示。

此时应注意界面右上角是否显示为万绿市承载 1 区汇聚机房，如果不是，则要单击左上方的 🏠 万绿市承载1区汇聚机房 下拉菜单，选择进入万绿市承载 1 区汇聚区机房。

步骤 2：单击左上方 ▢OTN 图标，进入 OTN 数据配置界面，此时在左边的命令导航里会出现 ▢频率配置 图样，单击进入频率配置界面，如图 3-5 所示。

步骤 3：单击右边的 ＋ 号，依次选择 OTU10G 板、14 槽位、L1T 接口、192.1THz 频率，然后单击确定，完成结果如图 3-6 所示。

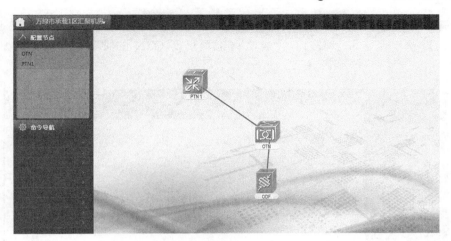

图　3-4

图　3-5

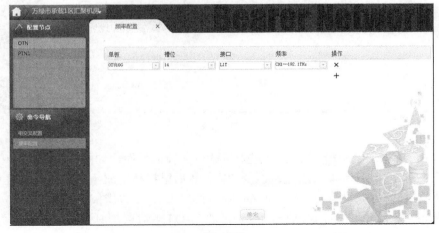

图　3-6

步骤 4：单击左上方的 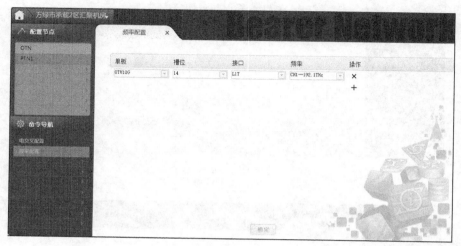 下拉菜单，选择进入万绿市承载 2 区汇聚区机房，重复步骤 2 和步骤 3，完成 2 区汇聚机房 OTN 的频率配置，结果如图 3-7所示。

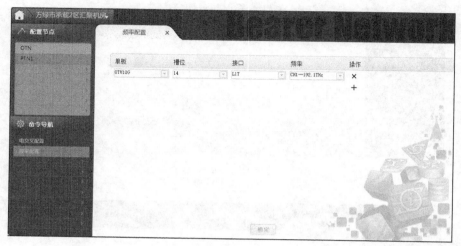

图　3-7

步骤 5：此时点到点的 OTN 业务配置完成，需单击软件界面右上角 业务调试 按钮，验证业务是否配置正确，如图 3-8 所示。

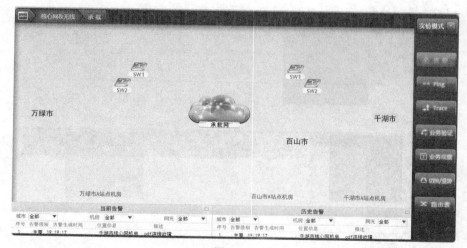

图　3-8

步骤 6：单击左上角 承载 按钮，进入承载业务验证界面，如图 3-9 所示。

步骤 7：单击软件界面最右边 光路检测 按钮，然后鼠标移动放至汇聚 2 区机房 OTN 站点，右键依次选择："设为源—OTU10G(slot14)C1T/C1R"，如图 3-10 所示。

步骤 8：然后再将鼠标移动至汇聚 1 区机房 OTN 站点，右键依次选择："设为目的—OTU10G(slot14)C1T/C1R"，如图 3-11 所示。

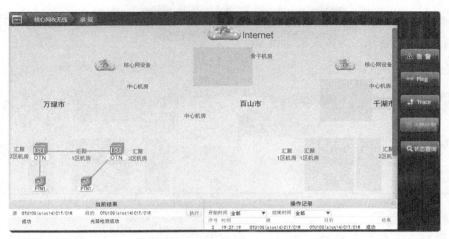

图 3-9

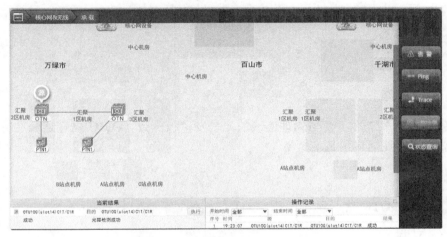

图 3-10

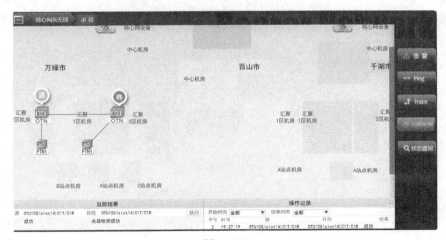

图 3-11

步骤 9：单击软件中间界面最下方 执行 按钮，开始对配置完成的点到点 OTN 光路业务进行检测，返回，如图 3-12 所示。

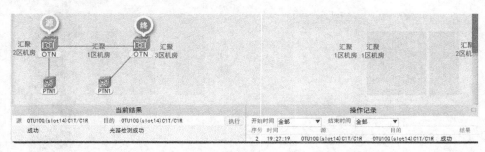

图　3-12

看到左下方有光路检测成功信息，则代表配置正确，点到点的光路单波业务配置完成。

3.4　总结与思考

3.4.1　实习总结

频率配置的关键在于要与物理连线的光转发单板一致，OMU 物理连线在哪个 CH 端口，就要选择相对应的那个频率。

3.4.2　思考题

如果两端的 OTN 站点频率配置不一样，光路业务能否验证成功？

3.4.3　练习题

在不更改万绿市汇聚 1 区机房的设备配置、数据配置的情况下，完成万绿市汇聚 1 区到万绿市汇聚 3 区的点到点的单波光路业务配置，并且验证成功。

实习单元 4

穿通业务配置

4.1 实习说明

4.1.1 实习目的

掌握 OTN 光路穿通业务的配置。
掌握 OTN 穿通业务组网应用。
掌握光路检测工具的应用。

4.1.2 实习任务

完成万绿市 2 区经过万绿市 1 区 OTN，到达万绿市 3 区一波业务的频率配置和业务开通。

4.1.3 实习时长

4 课时

4.2 拓扑规划

实习任务拓扑规划如图 4-1 所示。

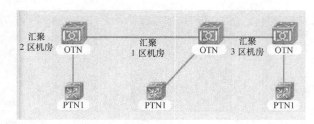

图　4-1

数据规划

业务描述：万绿 2 区汇聚机房 40G 以太网业务经过万绿 1 区汇聚机房到达万绿 3 区汇聚机房。

站点：万绿市 1 区汇聚机房，万绿市 2 区汇聚机房，万绿市 3 区汇聚机房。

产品型号：中型 PTN，中型 OTN。

参数规划：2 区汇聚机房：PTN1 采用 1 槽位 40GE 光板作为客户侧信号；

OTN 采用 15 槽位 OTU40G 光转发板；

OTN 频率采用 192.1THz。

3 区汇聚机房：PTN1 采用 1 槽位 40GE 光板作为客户侧信号；

OTN 采用 15 槽位 OTU40G 光转发板；

OTN 频率采用 192.1THz。

1 区汇聚机房：为过渡站点，不需要增加 OTU 光转发板。

4.3　实习步骤

4.3.1　任务一：完成万绿市 2 区设备配置

步骤 1：右击软件界面右上方 设备配置 按钮，进入设备配置界面，然后单击万绿市承载 2 区汇聚机房，如图 4-2 所示。

图　4-2

步骤 2：单击打开图中最左边箭头指示的机柜，如图 4-3 所示。

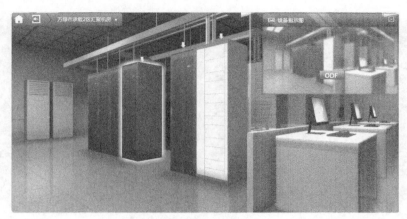

图　4-3

步骤 3：在右下角设备池中选取中型 PTN 添加到左侧机柜，如图 4-4 所示。

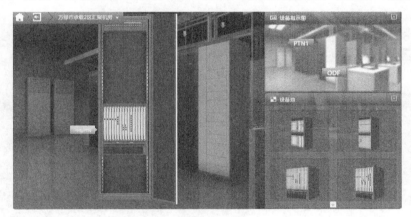

图　4-4

步骤 4：单击打开图中中间箭头指示的机框，如图 4-5 所示。

图　4-5

步骤 5：在设备池中选取中型 OTN 添加到左侧机框，如图 4-6 所示。

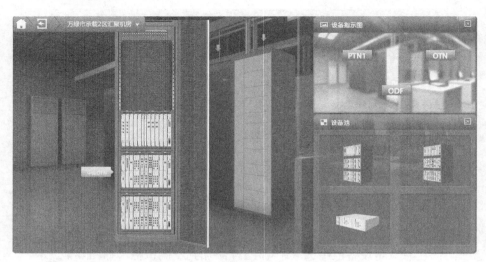

图 4-6

步骤 6：单击右上角 PTN1 图标，在右下方线缆池中，选用成对 LC-LC 光纤 成对LC-LC光纤 连接 PTN1 一槽位 40GE 端口，如图 4-7 所示。

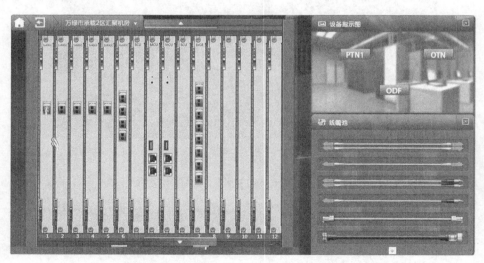

图 4-7

步骤 7：完成上一步骤的同时，再单击右上方设备指示图中 OTN 图标，进入 OTN 设备配置将所选光纤的另外一端连接到 OTN_15_OTU40G_C1T/C1R，如图 4-8 所示。

步骤 8：在线缆池中重新选取一根 LC-LC 光纤 LC-LC光纤 ，连接到 OTN_15_OTU40G_L1T，如图 4-9 所示。

步骤 9：完成上一步骤的同时，再将黄色光纤的另一端连接到 OTN_12_OMU10C_CH1，如图 4-10 所示。

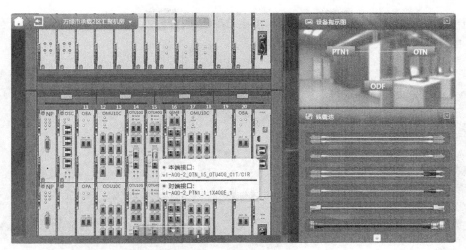

图　4-8

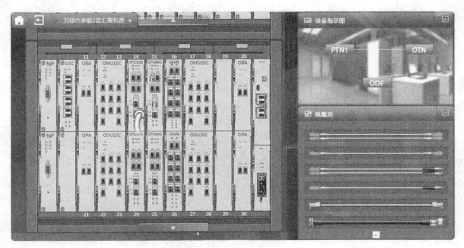

图　4-9

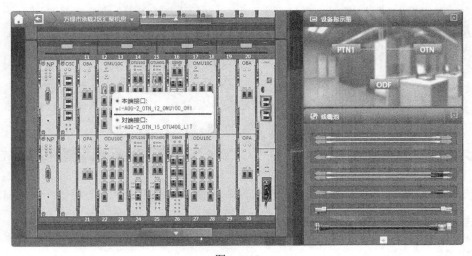

图　4-10

步骤 10：在线缆池中重新选取一根 LC-LC 光纤，连接到 OTN_12_OMU10C_OTU，如图 4-11 所示。

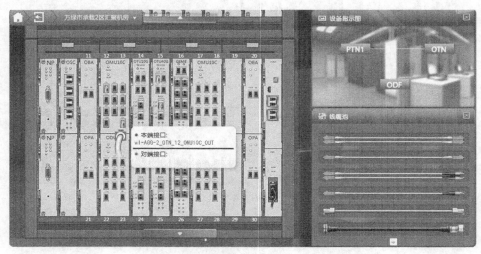

图　4-11

步骤 11：完成上一步骤的同时，再将黄色光纤的另一端连接到 OTN_11_OBA_IN，如图 4-12 所示。

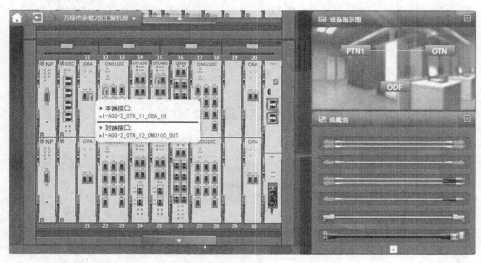

图　4-12

步骤 12：在线缆池中重新选取一根 LC-FC 光纤，连接到 OTN_11_OBA_OTU，如图 4-13 所示。

步骤 13：完成上一步骤的同时，再单击右上角的 ODF 图标，将光纤的另一端连接到 ODF_2T，如图 4-14 所示。

步骤 14：在线缆池中重新选取一根 LC-FC 光纤，连接到 ODF_2R，如图 4-15 所示。

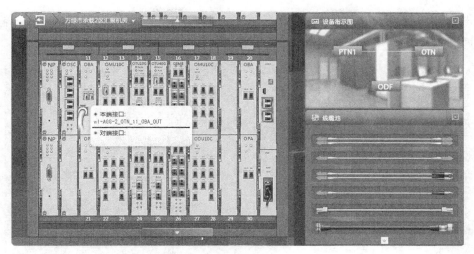

图 4-13

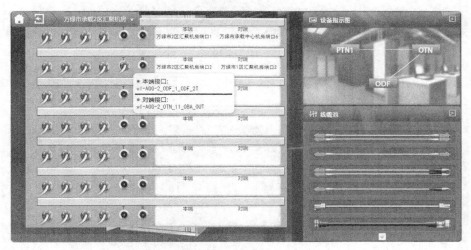

图 4-14

图 4-15

步骤 15：完成上一步骤的同时，再单击右上角的 OTN 图标，将光纤的另一端连接到 OTN_21_OPA_IN，如图 4-16 所示。

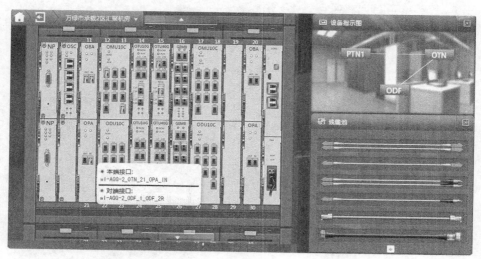

图 4-16

步骤 16：在线缆池中重新选取一根 LC-LC 光纤 LC-LC光纤 ，连接到 OTN_21_OPA_OTU，如图 4-17 所示。

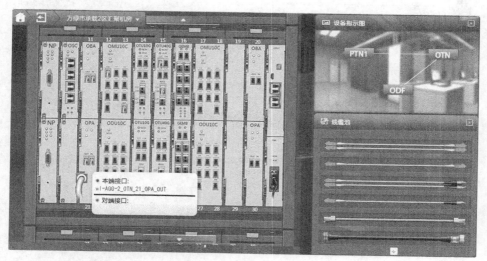

图 4-17

步骤 17：完成上一步骤的同时，再将黄色光纤的另一端连接到 OTN_22_ODU10C_IN，如图 4-18 所示。

步骤 18：在线缆池中重新选取一根 LC-LC 光纤 LC-LC光纤 ，连接到 OTN_21_OPA_OTU，如图 4-19 所示。

步骤 19：完成上一步骤的同时，再将黄色光纤的另一端连接到 OTN_15_OTU40G_L1R，如图 4-20 所示。

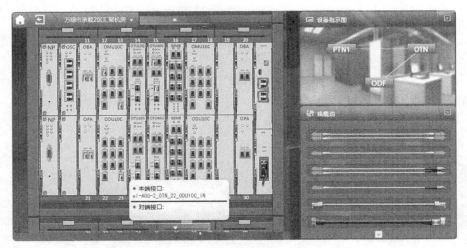

图　4-18

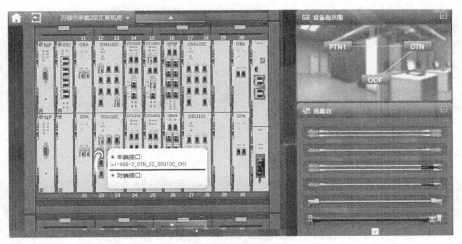

图　4-19

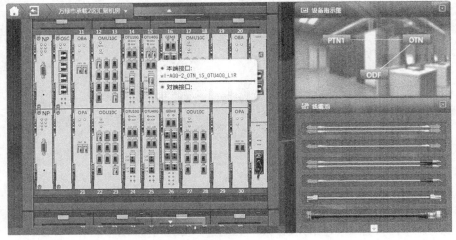

图　4-20

4.3.2 任务二：完成万绿市 3 区设备配置

步骤 1：右击软件界面右上方 设备配置 按钮，进入设备配置界面，然后单击万绿市承载 3 区汇聚机房，如图 4-21 所示。

图　4-21

步骤 2：单击打开图中最左边箭头指示的机柜，如图 4-22 所示。

图　4-22

步骤 3：在右下角设备池中选取中型 PTN 添加到左侧机柜，如图 4-23 所示。
步骤 4：单击打开图中中间箭头指示的机框，如图 4-24 所示。
步骤 5：在设备池中选取中型 OTN 添加到左侧机框，如图 4-25 所示。

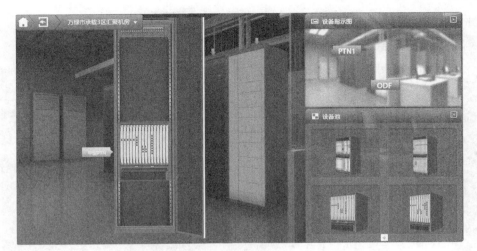

图　4-23

图　4-24

图　4-25

步骤 6：单击右上角 PTN1 图标，在右下方线缆池中，选用成对 LC-LC 光纤 成对LC-LC光纤 ，连接 PTN1 一槽位 40GE 端口，如图 4-26 所示。

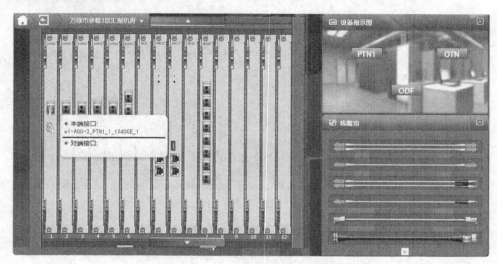

图　4-26

步骤 7：完成上一步骤的同时，再单击右上方设备指示图中 OTN 图标，进入 OTN 设备配置，将所选光纤的另外一端连接到 OTN_15_OTU40G_C1T/C1R，如图 4-27 所示。

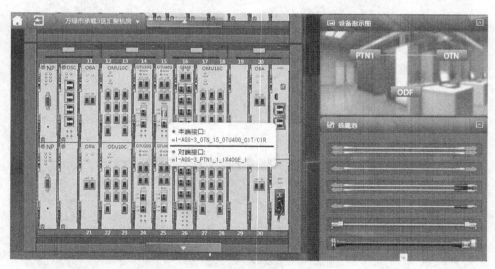

图　4-27

步骤 8：在线缆池中重新选取一根 LC-LC 光纤 ，连接到 OTN_15_OTU40G_L1T，如图 4-28 所示。

步骤 9：完成上一步骤的同时，再将黄色光纤的另一端连接到 OTN_12_OMU10C_CH1，如图 4-29 所示。

步骤 10：在线缆池中重新选取一根 LC-LC 光纤 ，连接到 OTN_12_OMU10C_OTU，如图 4-30 所示。

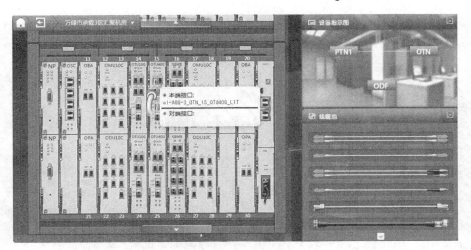

图　4-28

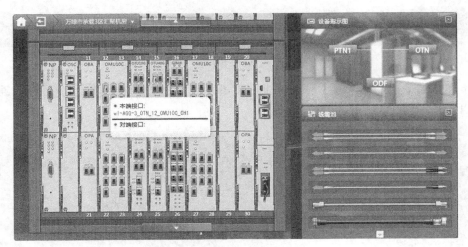

图　4-29

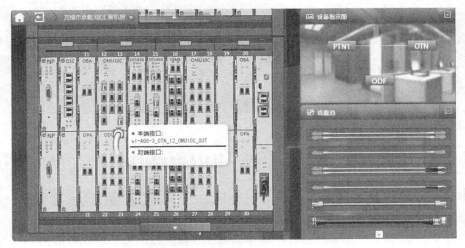

图　4-30

步骤 11：完成上一步骤的同时，再将黄色光纤的另一端连接到 OTN_11_OBA_IN，如图 4-31 所示。

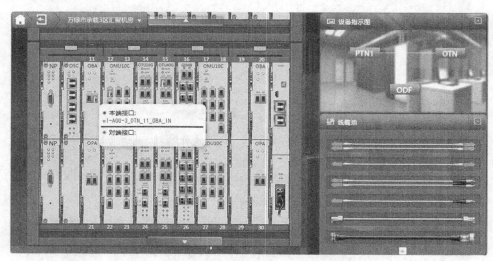

图　4-31

步骤 12：在线缆池中重新选取一根 LC-FC 光纤，连接到 OTN_11_OBA_OTU，如图 4-32 所示。

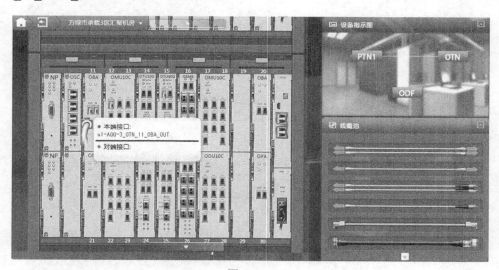

图　4-32

步骤 13：完成上一步骤的同时，再单击右上角 ODF 图标，将光纤的另一端连接到 ODF_2T，如图 4-33 所示。

步骤 14：在线缆池中重新选取一根 LC-FC 光纤，连接到 ODF_2R，如图 4-34 所示。

步骤 15：完成上一步骤的同时，再单击右上角 OTN 图标，将光纤的另一端连接到 OTN_21_OPA_IN，如图 4-35 所示。

图　4-33

图　4-34

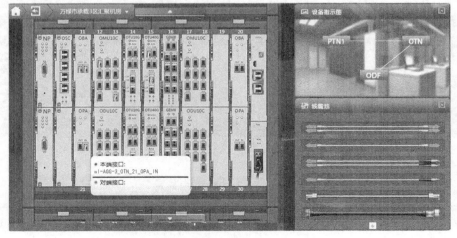

图　4-35

步骤 16：在线缆池中重新选取一根 LC-LC 光纤 ▬▬▬▬▬▬▬▬▬，连接到 OTN_21_OPA_OTU，如图 4-36 所示。

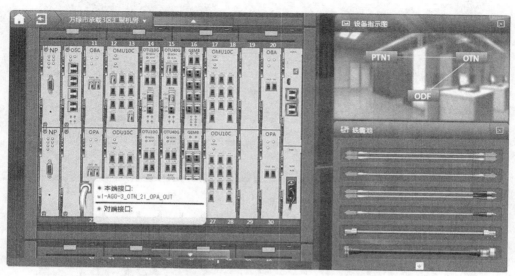

图　4-36

步骤 17：完成上一步骤的同时，再将黄色光纤的另一端连接到 OTN_22_ODU10C_IN，如图 4-37 所示。

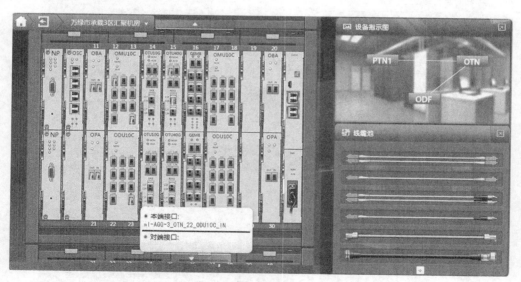

图　4-37

步骤 18：在线缆池中重新选取一根 LC-LC 光纤 ▬▬▬▬▬▬▬▬▬，连接到 OTN_22_ODU10C_CH1，如图 4-38 所示。

步骤 19：完成上一步骤的同时，再将黄色光纤的另一端连接到 OTN_15_OTU40G_L1R，如图 4-39 所示。

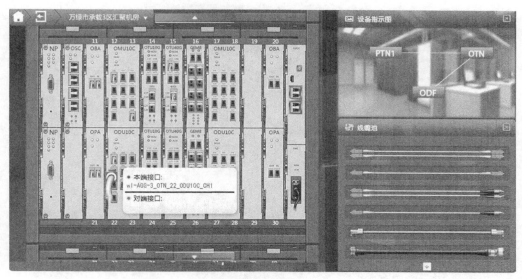

图　4-38

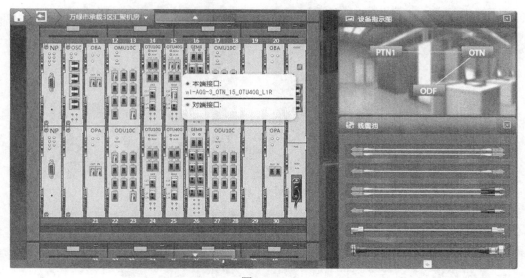

图　4-39

4.3.3　任务三：完成万绿市 1 区设备配置

步骤 1：右击软件界面右上方 <kbd>设备配置</kbd> 按钮，进入设备配置界面，然后单击万绿市

承载 1 区汇聚机房，如图 4-40 所示。

步骤 2：单击打开图中中间箭头指示的机框，如图 4-41 所示。

步骤 3：在设备池中选取中型 OTN 添加到左侧机框，如图 4-42 所示。

图　4-40

图　4-41

图　4-42

步骤 4：单击打开右上角的 ODF 图标，进入 ODF 设备如图 4-43 所示。

图　4-43

步骤 5：在右下角线缆池中选取 LC-FC 光纤 LC-FC光纤 ，将设备下滑到第二个设备框，单击连接 ODF_2R，如图 4-44 所示。

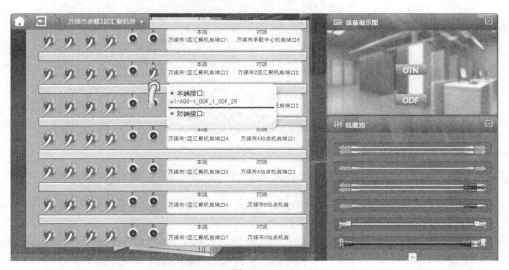

图　4-44

步骤 6：在完成上一步骤的同时，单击右上角 OTN 图标，将光纤的另一端连接到 OTN_21_OPA_IN 接口，如图 4-45 所示。

步骤 7：在右下角线缆池中选取 LC-LC 光纤，将光纤的一端连接到 OTN_21_OPA_ OUT 接口，如图 4-46 所示。

步骤 8：在完成上一步骤的同时，将光纤的另一端连接到 OTN_22_ODU10C_IN 接口，如图 4-47 所示。

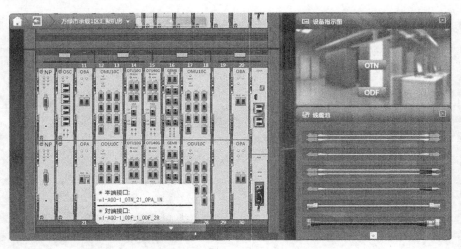

图 4-45

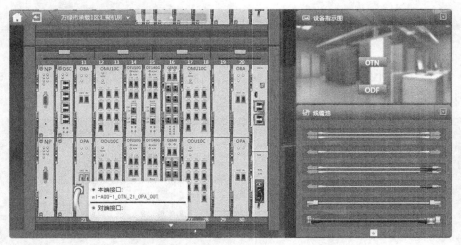

图 4-46

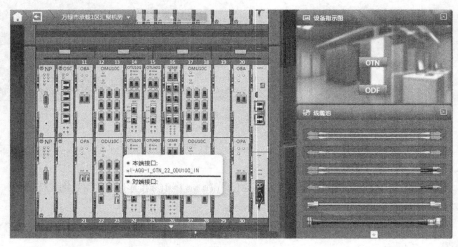

图 4-47

步骤 9：在右下角线缆池中选取 LC-LC 光纤，将光纤的一端连接到 OTN_22_ODU10C_CH1 接口，如图 4-48 所示。

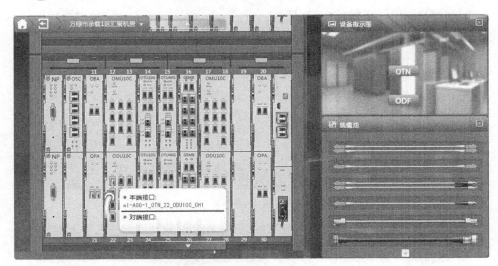

图　4-48

步骤 10：在完成上一步骤的同时，将光纤连接到 OTN_17_OMU10C_CH1，如图 4-49 所示。

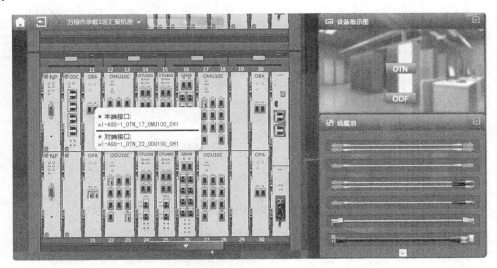

图　4-49

步骤 11：在右下角线缆池中选取 LC-LC 光纤，将光纤的一端连接到 OTN_17_OMU10C_OUT 接口，如图 4-50 所示。

步骤 12：在完成上一步骤的同时，将光纤的另一端连接到 OTN_20_OBA_IN 接口，如图 4-51 所示。

步骤 13：在右下角线缆池中选取 LC-FC 光纤，将光纤的一端连接到 OTN_20_OBA_OUT 接口，如图 4-52 所示。

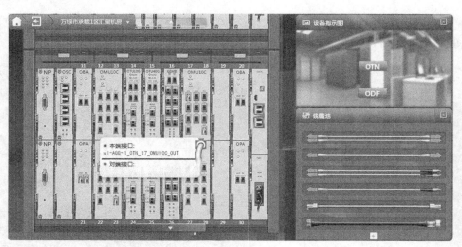

图 4-50

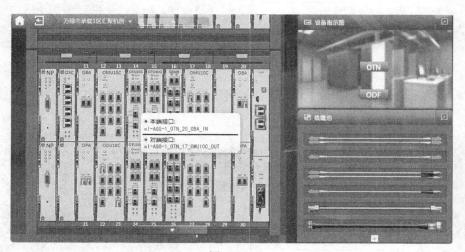

图 4-51

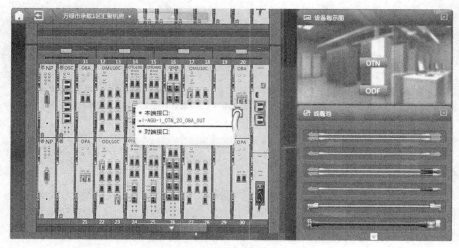

图 4-52

步骤 14：在完成上一步骤的同时，单击打开右上角 ODF 图标，将光纤的另一端连接到 ODF_3T 接口，如图 4-53 所示。

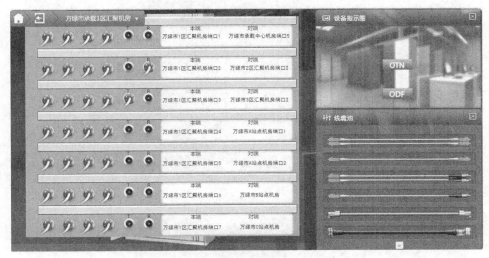

图　4-53

步骤 15：在右下角线缆池中选取 LC-FC 光纤，将光纤的一端连接到 ODF_3R 接口，如图 4-54 所示。

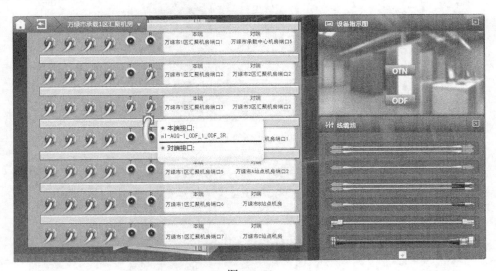

图　4-54

步骤 16：在完成上一步骤的同时，单击右上角 OTN 图标，将光纤的另一端口连接到 OTN_30_OPA_IN 接口，如图 4-55 所示。

步骤 17：在右下角线缆池中选取 LC-LC 光纤，将光纤的一端连接到 OTN_30_OPA_OUT 接口，如图 4-56 所示。

步骤 18：在完成上步骤的同时，将光纤的另一端连接到 OTN_27_ODU10C_IN 接口，如图 4-57 所示。

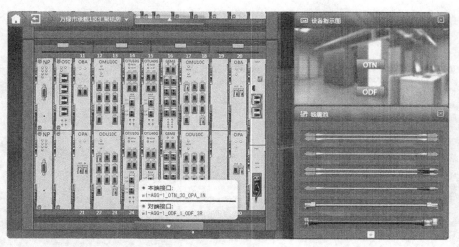

图 4-55

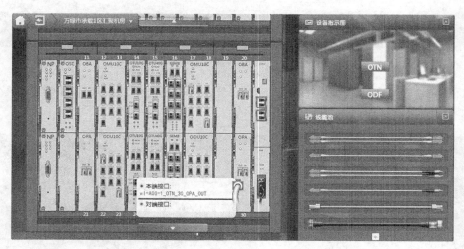

图 4-56

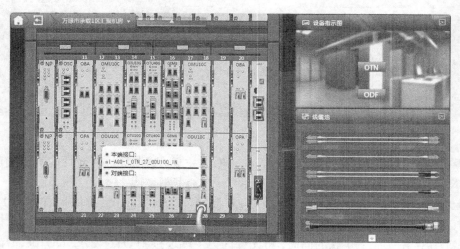

图 4-57

步骤 19：在右下角线缆池中选取 LC-LC 光纤，将光纤的一端连接到 OTN_27_ODU10C_CH1 接口，如图 4-58 所示。

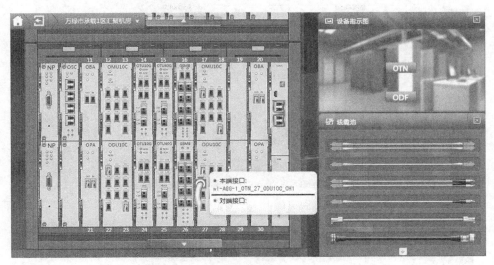

图　4-58

步骤 20：在完成上一步骤的同时，将光纤的另一端连接到 OTN_12_OMU10C_CH1，如图 4-59 所示。

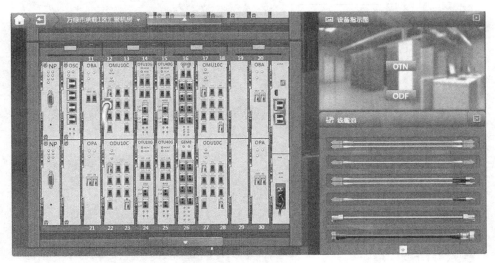

图　4-59

步骤 21：在右下角线缆池中选取 LC-LC 光纤，将光纤的一端连接到 OTN_12_OMU10C_OUT 接口，如图 4-60 所示。

步骤 22：在完成上一步骤的同时，将光纤连接到 OTN_11_OBA_IN 接口，如图 4-61 所示。

步骤 23：在右下角线缆池中选取 LC-FC 光纤，将光纤的一端连接到 OTN_11_OBA_OUT 接口，如图 4-62 所示。

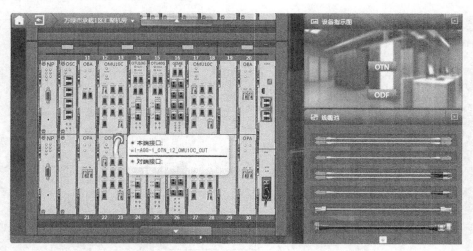

图 4-60

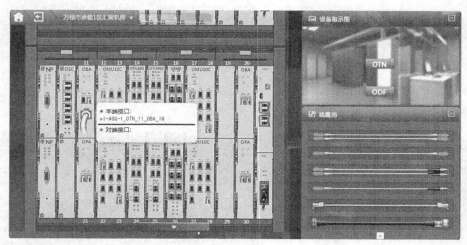

图 4-61

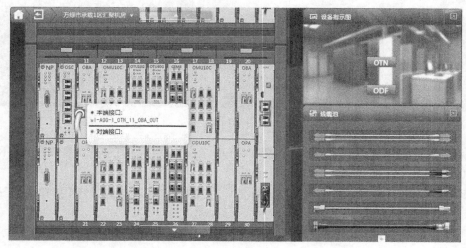

图 4-62

步骤 24：在完成上一步骤的同时，单击右上角 `ODF` 图标，将光纤的另一端连接到 ODF_2T 接口，如图 4-63 所示。

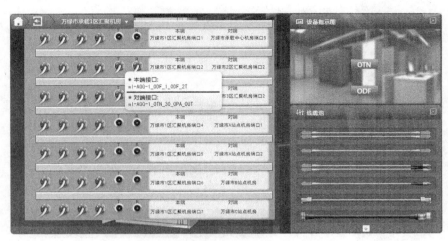

图　4-63

4.3.4　任务四：完成万绿市 2 区与万绿市 3 区的频率配置

步骤 1：右击软件界面右上方 `数据配置` 按钮，进入数据配置界面，此时应注意界面右上角是否显示为万绿市承载 2 区汇聚机房，如果不是，则要单击左上方的 `万绿市2区汇聚机房` 下拉菜单，选择进入万绿市承载 2 区汇聚区机房，进入图 4-64 界面所示。

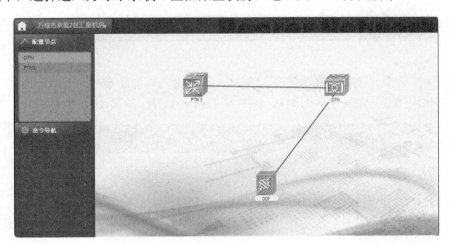

图　4-64

步骤 2：单击左上方 `OTN` 图标，进入 OTN 数据配置界面，此时在左边的命令导航里会出现 `频率配置` 图样，单击进入频率配置界面，如图 4-65 所示。

步骤 3：单击右边的 ╋ 号，依次选择 OTU40G 板、15 槽位、L1T 接口、192.1THz 频率，然后单击确定，完成结果如图 4-66 所示。

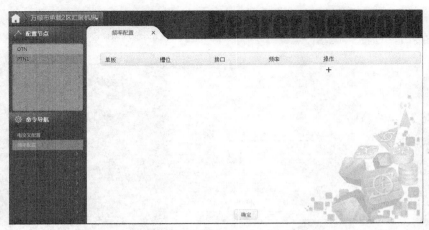

图　4-65

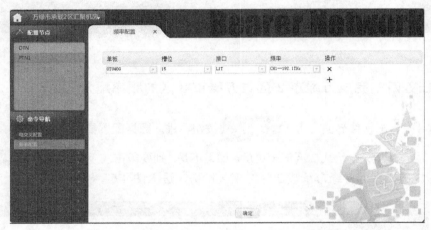

图　4-66

步骤 4：单击左上方的　承载　下拉菜单，选择进入万绿市承载 3 区汇聚区机房，重复步骤 2 和步骤 3，完成 3 区汇聚机房 OTN 的频率配置，结果如图 4-67 所示。

图　4-67

步骤 5：此时点到点的 OTN 业务配置完成，需单击软件界面右上角 业务调试 按钮，验证业务是否配置正确，如图 4-68 所示。

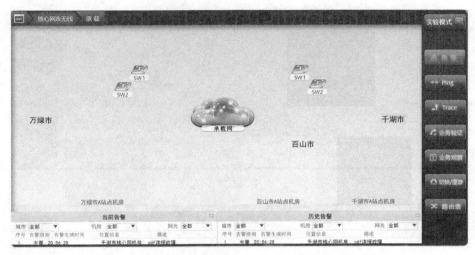

图　4-68

步骤 6：单击左上角 承载 按钮，进入承载业务验证界面，如图 4-69 所示。

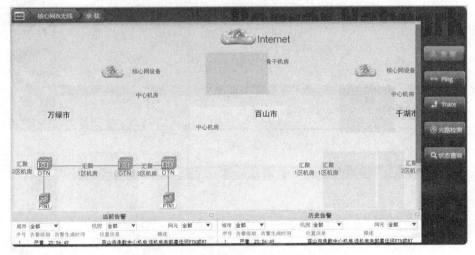

图　4-69

步骤 7：单击软件界面最右边 光路检测 按钮，然后鼠标移动放至汇聚 2 区机房 OTN 站点，右键依次选择"设为源—OTU40G(slot15)C1T/C1R"，如图 4-70 所示。

步骤 8：然后再将鼠标移动至汇聚 3 区机房 OTN 站点，右键依次选择："设为目的—OTU40G(slot15)C1T/C1R"，如图 4-71 所示。

步骤 9：单击软件中间界面最下方 执行 按钮，开始对配置完成的点到点 OTN 光路业务进行检测，如图 4-72 所示。

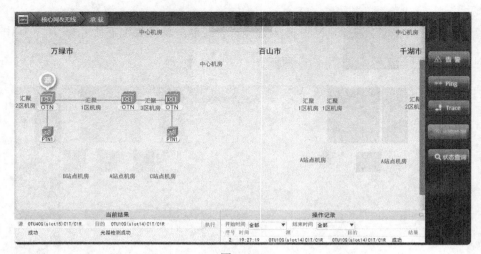

图　4-70

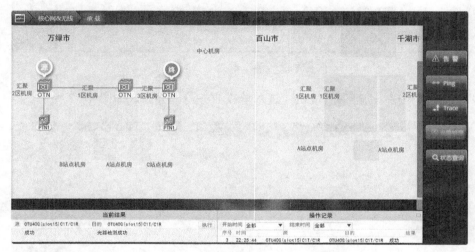

图　4-71

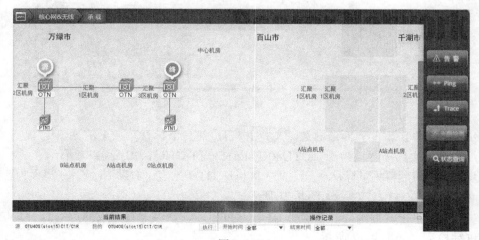

图　4-72

步骤 10：看到左下方有光路检测成功信息，则代表配置正确，点到点的光路单波业务配置完成，如图 4-73 所示。

图　4-73

4.4　总结与思考

4.4.1　实习总结

穿通业务在经过中间 OTN 站点时，业务不需要经过 OTU 光转发板，直接通过 OMU/ODU 完成上下波业务的穿通。

4.4.2　思考题

如果需要在汇聚 2 区机房到汇聚 3 区机房之间再增加一波穿通业务，该如何配置？

4.4.3　练习题

在完成以上任务的前提下，新增加万绿中心机房 OTN 站点，然后配置万绿市汇聚 1 区机房经过万绿市汇聚 2 区机房到万绿市中心机房的一波穿通业务，并且验证成功。

实习单元 5

电交叉业务配置

5.1 实习说明

5.1.1 实习目的

掌握 OTN 光路电交叉业务的配置。

掌握 OTN 电交叉业务组网应用。

掌握光路检测工具的应用。

5.1.2 实习任务

任务一：完成万绿市汇聚 3 区到达万绿市中心机房一波电交叉业务的设备连线。

任务二：完成万绿市汇聚 3 区到达万绿市中心机房一波电交叉业务数据配置。

5.1.3 实习时长

4 课时

5.2 拓扑规划

实习任务拓扑规划如图 5-1 所示。

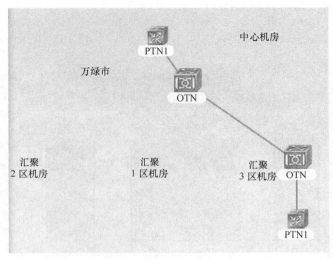

图   5-1

数据规划

业务描述：万绿 3 区汇聚机房中型 PTN40G 以太网业务直接到达万绿市中心机房大型 PTN1。

站点：万绿市 3 区汇聚机房，万绿市中心机房。

产品型号：万绿市 3 区汇聚机房：中型 PTN /OTN。

万绿市中心机房：大型 PTN、大型 OTN。

参数规划：万绿市 3 区汇聚机房——PTN1 采用 2 槽位 40GE 光板作为客户侧信号发送板；

OTN 采用 2 槽位 CQ3 作为客户侧信号接收板；

OTN 频率采用 192.1THz。

万绿市中心机房：PTN1 采用 1 槽位 40GE 光板作为客户侧信号；

OTN 采用 2 槽位 CQ3 作为客户侧信号接收板；

OTN 频率采用 192.1THz。

5.3 实习步骤

5.3.1   任务一：完成万绿市汇聚 3 区到达万绿市中心机房一波电交叉业务的设备连线

前提条件：完成万绿市 3 区和万绿市中心机房 PTN/OTN 站点设备安装。

步骤 1：右击软件界面右上方 [设备配置] 按钮，进入设备配置界面，然后单击万绿市承载 3 区汇聚机房,如图 5-2 所示。

图 5-2

步骤 2:单击热气球进入万绿市承载 3 区汇聚后,选择软件界面最右方 PTN1 图标,进入 PTN 设备配置界面,如图 5-3 所示。

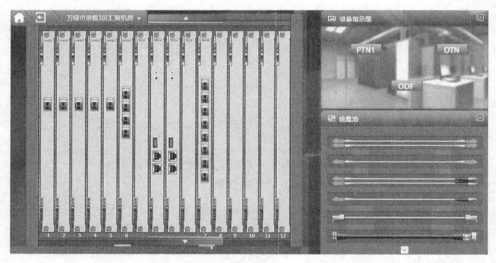

图 5-3

步骤 3:在右下方线缆池中,选用成对 LC-LC 光纤 ,连接 PTN1 2 槽位 40GE 端口,如图 5-4 所示。

步骤 4:完成上一步骤的同时,再单击右上方设备指示图中 OTN 图标,进入 OTN 设备配置,将所选光纤的另外一端连接到 OTN_2_CQ3_C1T/C1R,如图 5-5 所示。

步骤 5:在线缆池重新选取一根 LC-LC 光纤 ,连接到 OTN_6_LD3_L1T,如图 5-6 所示。

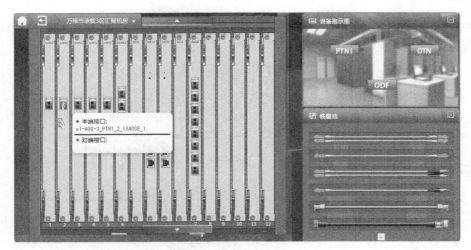

图　5-4

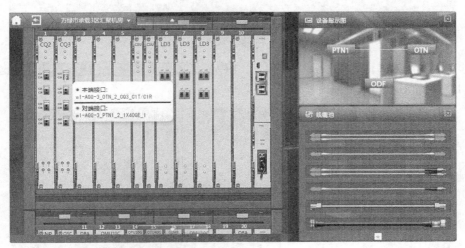

图　5-5

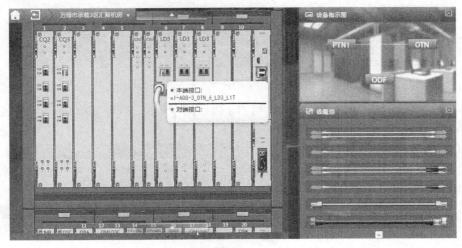

图　5-6

步骤 6：完成上一步骤的同时，将鼠标往下移动，界面停留在 OTN 第 2 机框，再将黄色光纤的另一端连接到 OTN_17_OMU10C_CH1，如图 5-7 所示。

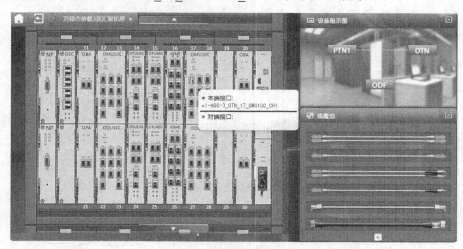

图 5-7

步骤 7：在线缆池中重新选取一根 LC-LC 光纤 ————LC-LC光纤————，连接到 OTN_17_OMU10C_OUT，如图 5-8 所示。

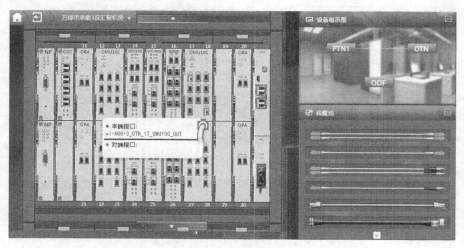

图 5-8

步骤 8：完成上一个步骤的同时，再将 LC-LC 光纤另一端连接 OTN_20_OBA_IN，如图 5-9 所示。

步骤 9：在线缆池中重新选取一根 LC-FC 光纤 ————LC-FC光纤————，连接到 OTN_20_OBA_OUT，然后再单击软件界面右上方 ODF 图标，将光纤的另一端连接到 ODF_1T，如图 5-10 所示。

步骤 10：在线缆池中重新选取一根 LC-FC 光纤 ————LC-FC光纤————，连接到 ODF_1R，然后再单击软件界面右上方 OTN 图标，将鼠标往下移动，界面停留在 OTN 第 2 机框，再将黄色光纤的另一端连接到 OTN_30_OPA_IN，如图 5-11 所示。

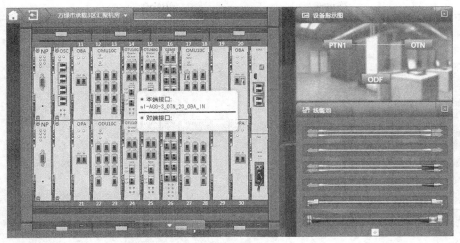

图 5-9

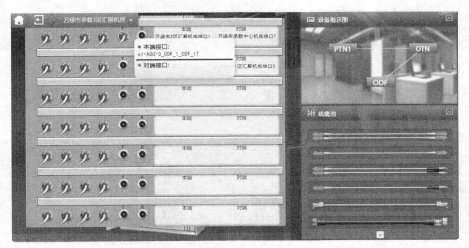

图 5-10

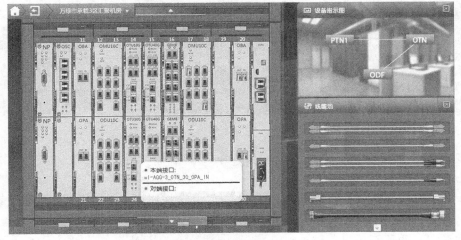

图 5-11

步骤 11：在线缆池中重新选取一根 LC-LC 光纤 ![LC-LC光纤]，连接到 OTN_30_OPA_OUT，另一端连到 OTN_27_ODU10C_IN，如图 5-12 所示。

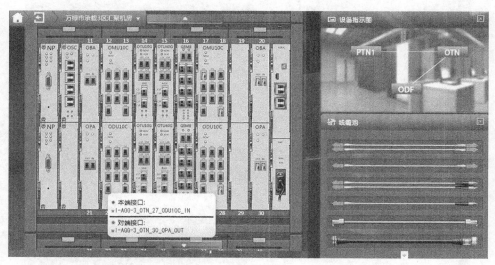

图　5-12

步骤 12：在线缆池中重新选取一根 LC-LC 光纤 ![LC-LC光纤]，一端连到 OTN_27_ODU10C_CH1，如图 5-13 所示。

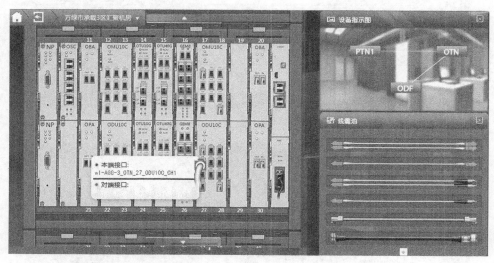

图　5-13

步骤 13：将鼠标往上移动，滚动屏幕至第一机框，将黄色光纤的另一端连到 OTN_6_LD3_L1R，如图 5-14 所示。

步骤 14：将鼠标箭头移动到左上角 万绿市承载3区汇聚机房 按钮，单击切换到万绿市承载中心机房，如图 5-15 所示。

步骤 15：单击右边设备指示图中 PTN1 图标，进入 PTN 设备，如图 5-16 所示。

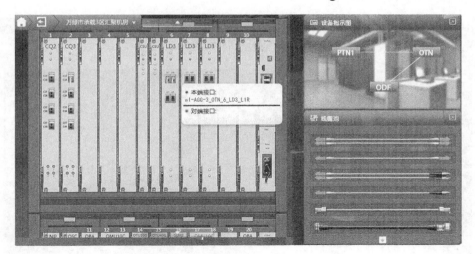

图　5-14

图　5-15

图　5-16

步骤 16：在右边线缆池中选用成对 LC-LC 光纤 ，单击将光纤连接到第六槽位 40GE1 端口光板上，如图 5-17 所示。

图　5-17

步骤 17：完成上一步骤的同时，再单击右上方设备指示图中 OTN 图标，进入 OTN 设备配置，所选光纤的另外一端连接到 OTN_2_CQ3_C1T/C1R，如图 5-18 所示。

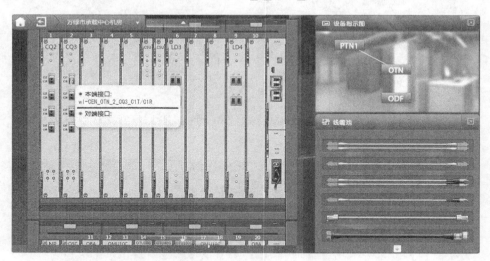

图　5-18

步骤 18：在线缆池中重新选取一根 LC-LC 光纤 ，连接到 OTN_6_LD3_L1T，如图 5-19 所示。

步骤 19：完成上一步骤的同时，将鼠标往下移动，界面停留在 OTN 第 2 机框，再将黄色光纤的另一端连接到 OTN_17_OMU10C_CH1，如图 5-20 所示。

步骤 20：在线缆池中重新选取一根 LC-LC 光纤 ，连接到 OTN_17_OMU10C_OUT，如图 5-21 所示。

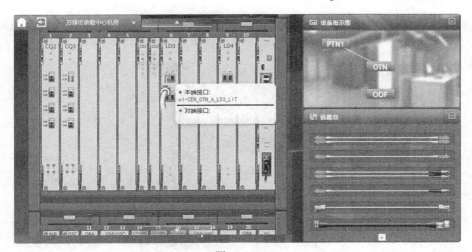

图　5-19

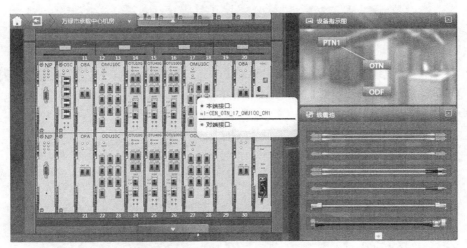

图　5-20

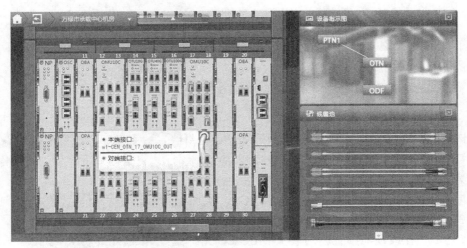

图　5-21

步骤 21：完成上一个步骤的同时，再将 LC-LC 光纤另一端连接 OTN_20_OBA_IN，如图 5-22 所示。

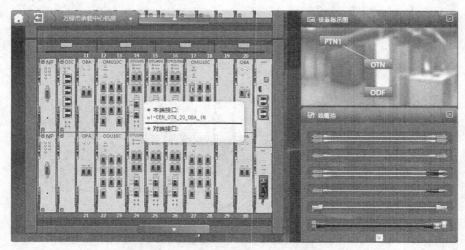

图　5-22

步骤 22：在线缆池中重新选取一根 LC-FC 光纤 ，连接到 OTN_20_OBA_OUT，然后再单击软件界面右上方 ODF 图标，将光纤的另一端连接到 ODF_7T 如图 5-23 所示。

图　5-23

步骤 23：在线缆池中重新选取一根 LC-FC 光纤 ，连接到 ODF_7R，然后再单击软件界面右上方 OTN 图标，将鼠标往下移动，界面停留在 OTN 第 2 机框，再将黄色光纤的另一端连接到 OTN_30_OPA_IN，如图 5-24 所示。

步骤 24：在线缆池中重新选取一根 LC-LC 光纤 ，连接到 OTN_30_OPA_OUT，另一端连到 OTN_27_ODU10C_IN，如图 5-25 所示。

步骤 25：在线缆池中重新选取一根 LC-LC 光纤 ，一端连到 OTN_27_ODU10C_CH1，如图 5-26 所示。

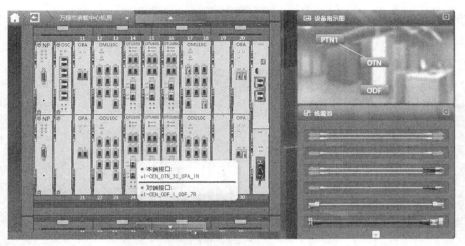

图　5-24

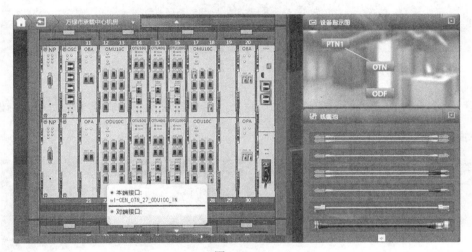

图　5-25

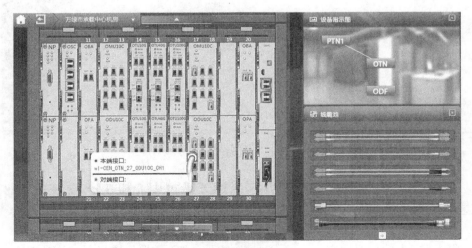

图　5-26

步骤 26：将鼠标往上移动，滚动屏幕至第一机框，将黄色光纤的另一端连到 OTN_6_ LD3_L1R，如图 5-27 所示。

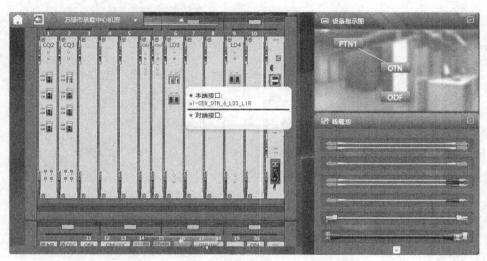

图 5-27

步骤 27：此时任务一设备连线配置完成，需单击软件界面右上角 业务调试 按钮，查看连线是否正确，如图 5-28 所示。

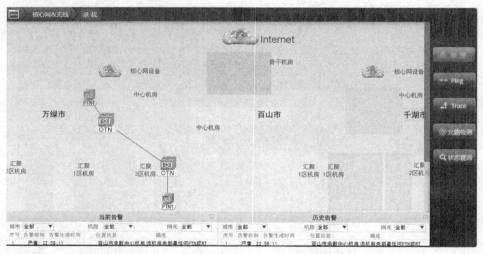

图 5-28

5.3.2 任务二：完成万绿市汇聚 3 区到达万绿市中心机房一波电交叉业务数据配置

步骤 1：右击软件界面右上方 数据配置 按钮，进入数据配置界面，此时应注意界面右上角是否显示为万绿市承载 3 区汇聚机房，如果不是，则要单击左上方的 万绿市承载3区汇聚机房 下拉菜单，选择进入万绿市承载 3 区汇聚区机房，进入如图 5-29 所示界面。

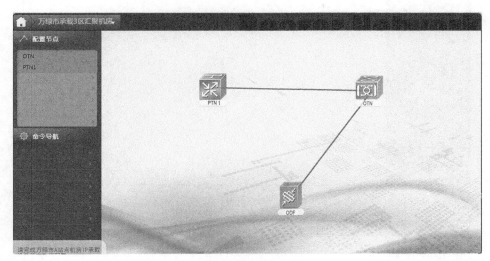

图　5-29

步骤 2：单击左上方 OTN 图标，进入 OTN 数据配置界面，此时在左边的命令导航里会出现 频率配置 图样，单击进入频率配置界面，如图 5-30 所示。

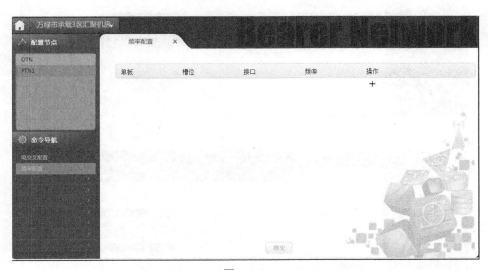

图　5-30

步骤 3：单击右边的 ＋ 号，依次选择 LD3 板、6 槽位、L1T 接口、192.1THz 频率，然后单击确定，完成结果如图 5-31 所示。

步骤 4：再单击左方 电交叉配置 图标，进入电交叉配置界面，如图 5-32 所示。

步骤 5：鼠标左键单击 CQ3(slot2)/C1T/C1R-40GE 和 LD3(slot6)/L1T/L1R，建立交叉连接，如图 5-33 所示。

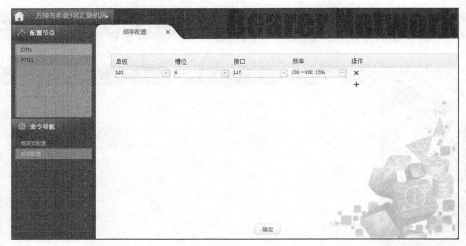

图 5-31

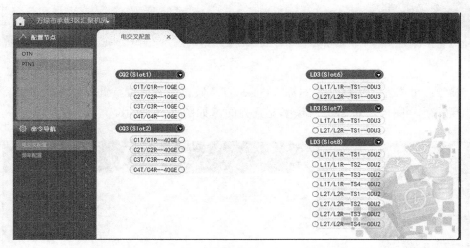

图 5-32

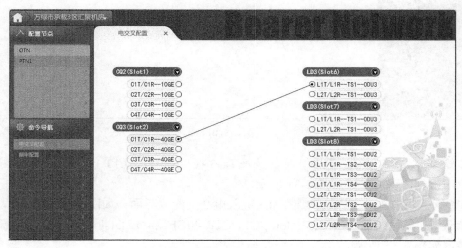

图 5-33

步骤 6：单击左上方的 [承载▾] 下拉菜单，选择进入万绿市承载中心机房，重复步骤 2～步骤 5，完成中心机房 OTN 的频率配置和电交叉配置，结果如图 5-34 所示。

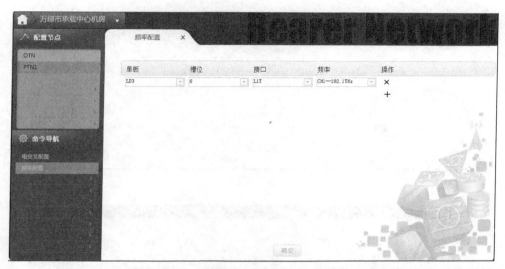

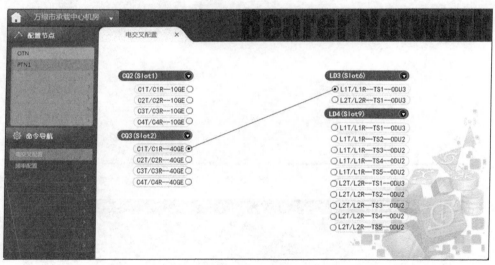

图　5-34

步骤 7：此时点到点的 OTN 业务配置完成，需单击软件界面右上角 [业务调试] 按钮，验证业务是否配置正确，如图 5-35 所示。

步骤 8：单击左上角 [承载] 按钮，进入承载业务验证界面，如图 5-36 所示。

步骤 9：单击软件界面最右边 [⊘ 光路检测] 按钮，然后移动鼠标，将光标放至汇聚 3 区机房 OTN 站点，右键依次选择"设为源—CQ3(slot2)C1T/C1R"，如图 5-37 所示。

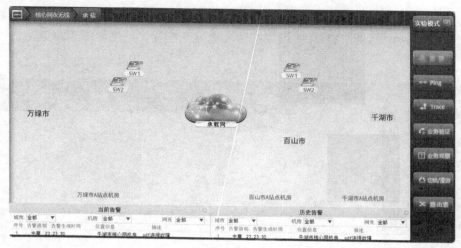

图 5-35

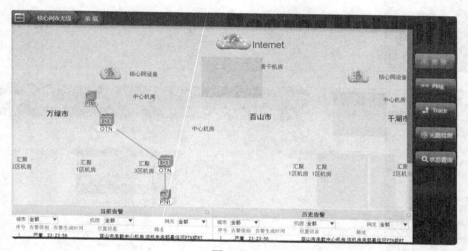

图 5-36

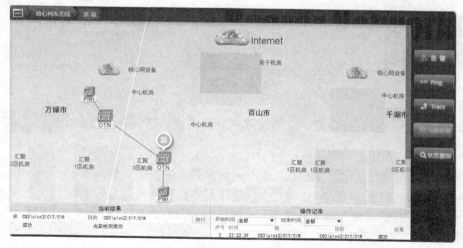

图 5-37

步骤 10：然后再将鼠标移动，使光标放在万绿中心机房 OTN 站点，右键依次选择"设为目的—CQ3(slot2)C1T/C1R"，如图 5-38 所示。

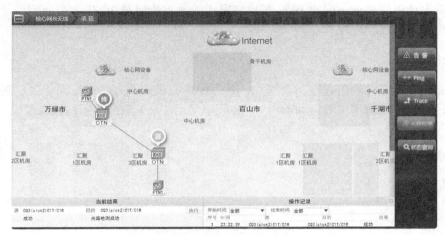

图 5-38

步骤 11：单击软件中间界面最下方 执行 按钮，开始对配置完成的点到点 OTN 光路业务进行检测，返回如图 5-39 所示。

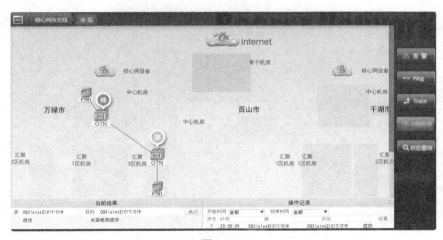

图 5-39

看到左下方有光路检测成功信息，则代表配置正确，万绿市汇聚 3 区到达万绿市中心机房单波电交叉业务数据配置完成。

5.4 总结与思考

5.4.1 实习总结

波分电交叉业务的配置不同在于客户侧单板是 CQ 单板，波分侧单板是 LD 单板。

5.4.2　思考题

如果上述电交叉业务配置 PTN 客户侧发送的速率等级是 10GE，波分侧该选取哪种单板作为客户侧接收单板？

5.4.3　练习题

在完成以上任务的前提下，新增加一条万绿中心机房到万绿市汇聚 2 区机房的电交叉业务，要求客户侧速率等级 40GE，中心频率采用 192.1THz，并且验证成功。

第二部分　IP 承载组网及实践

实习单元 6

网络拓扑规划

6.1 实习说明

6.1.1 实习目的

了解计算机网络中的各种拓扑结构，各自的特点及应用场景。

掌握 4G 全网仿真软件中星型、树型、环型、复合型四种网络拓扑的搭建方法。

6.1.2 实习任务

1. 完成星型网络拓扑的搭建。
2. 完成树型网络拓扑的搭建。
3. 完成环型网络拓扑的搭建。
4. 完成复合型网络拓扑的搭建。

6.1.3 实习时长

1 学时

6.2 拓扑规划

实习任务拓扑规划如图 6-1 所示。

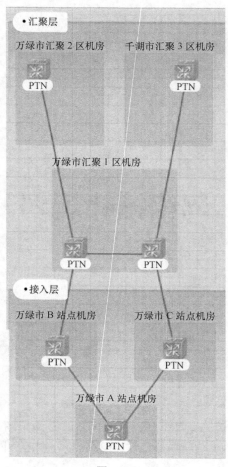

图　6-1

数据规划

无

6.3　实习步骤

6.3.1　实习任务一：完成星型网络拓扑规划的搭建

步骤 1：打开并登录仿真软件，选择最顶端 网络拓扑规划 页签。

步骤 2：单击 网络拓扑规划 下方 🖳 承载网 页签。

步骤 3：单击界面右上方 IP承载网 按钮，进入 IP 承载网网络拓扑规划主界面。

步骤 4：按照拓扑图，用鼠标左键单击软件右侧资源池中的 PTN 设备图标并拖住不放，将其移动到所要拖放站点（例如，万绿市 A 站点）机房处 📍，松开鼠标完成设备的布放，操作结果如图 6-2 所示。

步骤 5：单击软件右侧资源池中的 PTN 设备图标，按照步骤 4 的方法完成万绿市 B 站点机房 PTN 设备的布放，操作结果如图 6-3 所示。

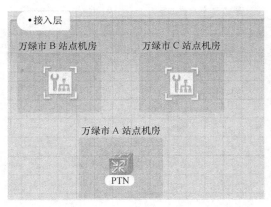

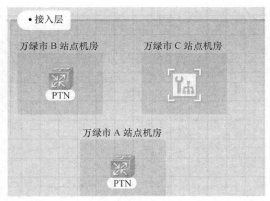

图　6-2　　　　　　　　　　　　　　　　图　6-3

步骤 6：单击软件右侧资源池中的 PTN 设备图标，完成万绿市 C 站点机房 PTN 设备的布放，操作结果如图 6-4 所示。

步骤 7：单击万绿市 A 站点机房 PTN 设备图标，然后再单击万绿市 B 站点机房 PTN 设备图标，完成万绿市 A 站点机房和 B 站点机房的连线，操作结果如图 6-5 所示。

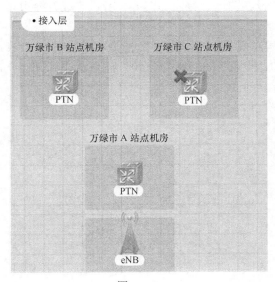

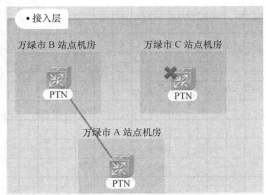

图　6-4　　　　　　　　　　　　　　　　图　6-5

步骤 8：单击万绿市 A 站点机房 PTN 设备图标，然后再单击万绿市 C 站点机房 PTN 设备图标，完成万绿市 A 站点机房和 C 站点机房的连线，操作结果如图 6-6 所示。

步骤 9：单击万绿市 A 站点机房 PTN 设备图标，然后再单击万绿市接入层 eNodeB 设备图标，完成万绿市 A 站点和接入层 eNodeB 之间的连线，完成星型拓扑的规划搭建，操作结果如图 6-7 所示。

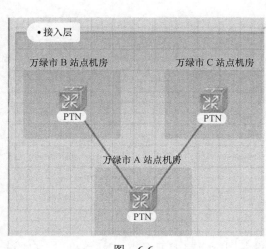

图 6-6

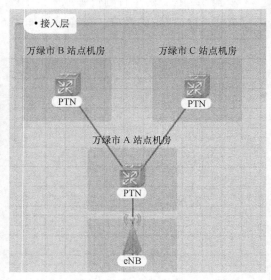

图 6-7

6.3.2 实习任务二：完成树型网络拓扑规划的搭建

步骤 1：单击界面右侧资源池中的 PTN 设备图标，按照如图 6-8 所示完成万绿市 1 区汇聚机房 PTN 设备的布放。

步骤 2：单击界面中万绿市 1 区汇聚机房左侧 PTN 设备图标，然后再单击右侧 PTN 设备图标完成万绿市 1 区汇聚机房两台 PTN 设备之间的拓扑连线，操作结果如图 6-9 所示。

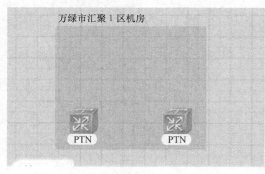

图 6-8

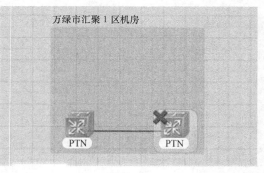

图 6-9

步骤 3：单击界面中万绿市 1 区汇聚机房左侧 PTN 设备图标，然后再单击万绿市 B 站点 PTN 设备图标完成万绿市 1 区汇聚机房左侧 PTN 设备与万绿市 B 站点机房之间的连线，从而完成树型拓扑的规划搭建，操作结果如图 6-10 所示。

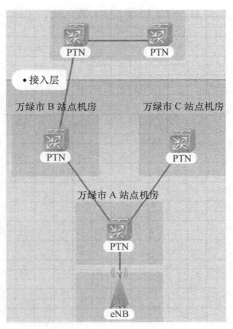

图　6-10

6.3.3　实习任务三：完成环型网络拓扑规划的搭建

步骤：单击界面中万绿市 1 区汇聚机房右侧 PTN 设备图标后，单击万绿市 C 站点 PTN 设备图标，完成万绿市 1 区汇聚机房右侧 PTN 设备与万绿市 C 站点机房 PTN 设备之间的连线，从而完成环型拓扑的规划搭建，操作结果如图 6-11 所示。

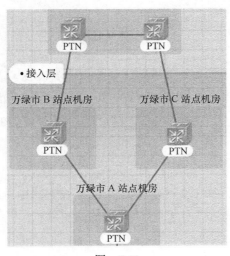

图　6-11

6.3.4 实习任务四：完成复合型网络拓扑规划的搭建

步骤 1：单击界面右侧设备池中 PTN 设备图标，完成万绿市 2 区汇聚机房、万绿市 3 区汇聚机房 PTN 设备的布放，操作结果如图 6-12 所示。

步骤 2：单击界面中万绿市 2 区汇聚机房 PTN 设备图标后，单击万绿市 1 区汇聚机房左侧 PTN 设备图标，完成两台 PTN 设备的拓扑连线，操作结果如图 6-13 所示。

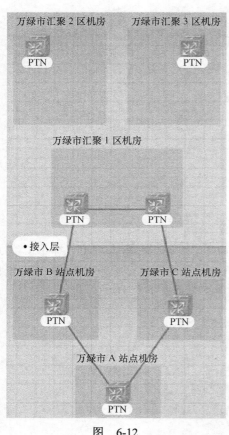

图 6-12

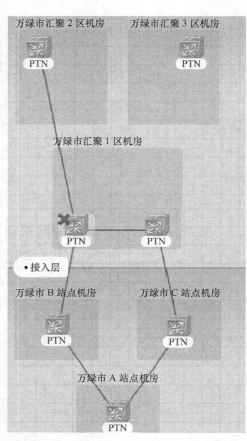

图 6-13

步骤 3：单击界面中万绿市 2 区汇聚机房 PTN 设备图标后，单击万绿市 1 区汇聚机房左侧 PTN 设备图标，完成两台 PTN 设备的拓扑连线，从而完成复合型拓扑的搭建，操作结果如图 6-14 所示。

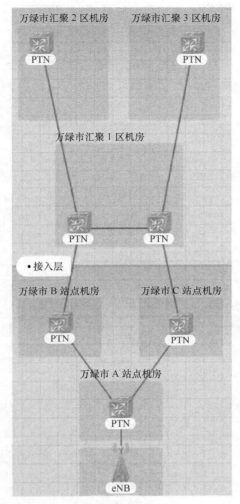

图　6-14

6.4　总结与思考

6.4.1　实习总结

网络拓扑图可以直观明了地表示出网络中各个节点之间的链接，网络设备所处的物理位置决定了其所采用的拓扑结构，拓扑设计的好坏对网络的性能和经济性能有重大的影响。

6.4.2　思考题

1. 不同的网络拓扑结构所应用的场景分别是什么？
2. 在软件中如何删除相应的设备及连线？

6.4.3 练习题

在实习任务四基础之上，完成如图 6-15 所示复合型拓扑结构中的设备布放及连线。

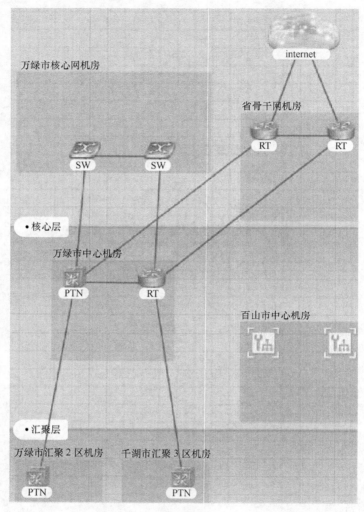

图 6-15

实习单元 7

容量规划

7.1 实习说明

7.1.1 实习目的

熟悉软件中 IP 承载网中容量规划所涉及到的相关参数的含义及计算公式。

掌握 4G 全网仿真软件中 IP 承载网接入层、汇聚层、核心层、骨干层容量计算操作步骤及方法。

7.1.2 实习任务

1. IP 承载网接入层设备容量规划。
2. IP 承载网汇聚层设备容量规划。
3. IP 承载网核心层设备容量规划。
4. IP 承载网骨干网设备容量规划。

7.1.3 实习时长

1 学时

7.2 拓扑规划

实习任务拓扑规划如图 7-1、图 7-2 所示。

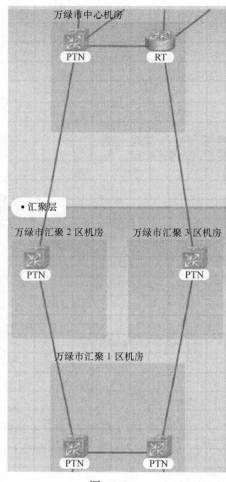

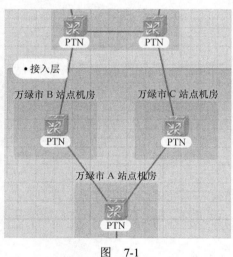

图 7-1

图 7-2

数据规划

实习任务数据规划如图 7-3 所示。

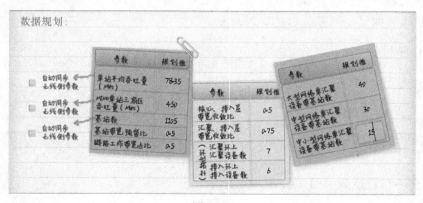

图 7-3

7.3　实习步骤

7.3.1　实习任务一：完成接入层设备容量规划

步骤 1：打开并登录仿真软件后，选择最顶端 容量规划 页签。

步骤 2：单击容量规划下方 IP承载网 页签。

步骤 3：单击界面中要进行容量规划城市页签（以万绿市为例大型城市） WanLv ，进入

到万绿市容量规划 step1 界面，step1 中给出容量规划中相关参数如图 7-4 所示。

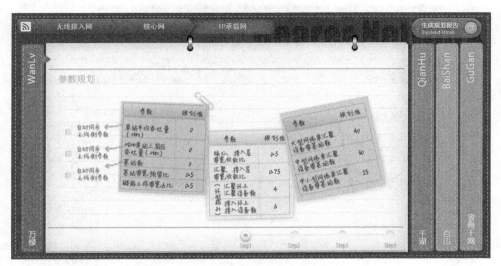

图　7-4

步骤 4：进行单站平均吞吐量、MIMO 单站三扇区吞吐量、基站数三个参数规划，这三个参数的取值与无线侧容量规划有关，若无线侧容量规划已规划完毕，可以单击参数后 按钮，自动将无线侧容量规划计算出的相关数据同步至参数表中，若无线侧容量规划未完成，可自行在该项参数对应的表格中手动输入该项数值，如图 7-5 所示。

步骤 5：单击界面下方 按钮，进入接入层容量规划界面，操作界面如图 7-6 所示。

步骤 6：根据公式及界面顶端给出的参数规划进行基站预留带宽计算，将鼠标单击计算参数填写后 处，此时鼠标变为闪烁的光标，将公式对应的参数通过参数表填入 $78.35 \div 0.5$ ，填写完毕后计算结果将自动算出 156.7 。

步骤 7：拖动界面右侧滚动条，进行接入设备数量计算，参照步骤 6 中的方法，将相关参数根据公式提示进行填写，操作如图 7-7 所示。

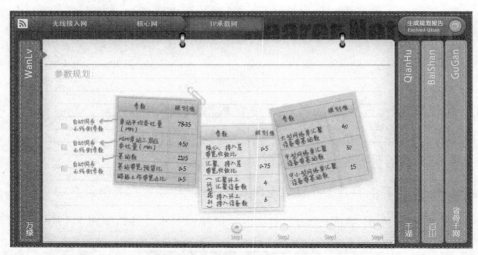

图 7-5

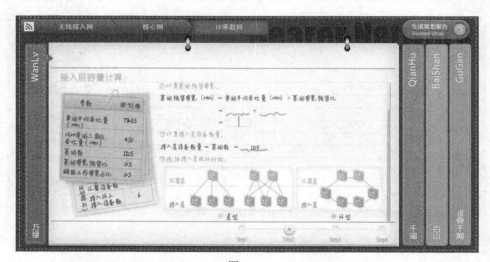

图 7-6

图 7-7

步骤 8：拖动界面右侧滚动条，进行接入层拓扑结构选择，在进行拓扑选择时，根据拓扑规划图 7-1 采用环形拓扑结构，鼠标单击 后面的方框，方框中打勾则表示目前采用的是环形拓扑，如要更改拓扑，鼠标单击其他拓扑后的方框即可。

步骤 9：拖动界面右侧滚动条，进行接入环链路工作带宽计算，参照界面上方参数规划表中相关参数，将数值进行填写，填写完毕后结果如图 7-8 所示。

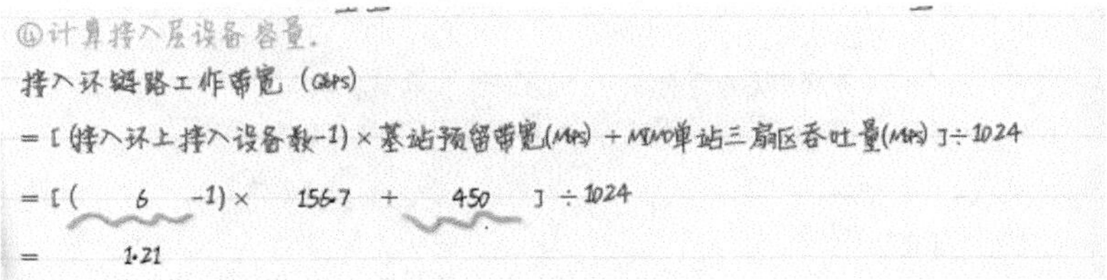

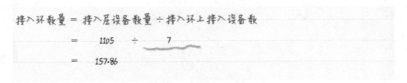

图　7-8

步骤 10：拖动界面右侧滚动条，进行接入环链路带宽计算，参照界面上方参数规划表中相关参数，将数值进行填写，填写完毕后结果如图 7-9 所示。

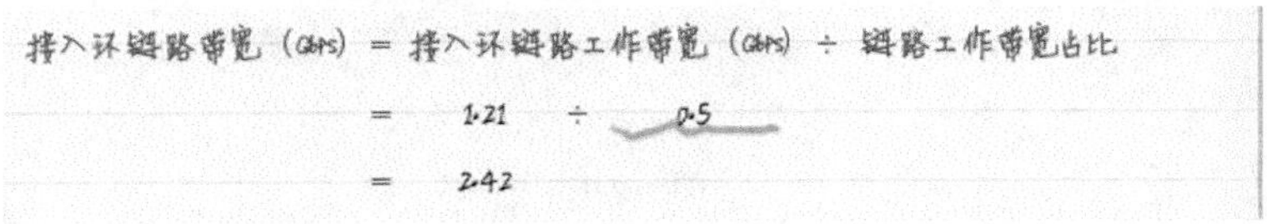

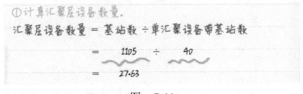

图　7-9

步骤 11：拖动界面右侧滚动条，进行接入环数量计算，参照界面上方参数规划表中相关参数，将数值进行填写，填写完毕后结果如图 7-10 所示。

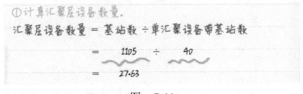

图　7-10

7.3.2　实习任务二：完成汇聚层设备容量规划

步骤 1：单击界面下方 Step1 按钮，进入汇聚层容量规划界面。

步骤 2：参照接入层容量规划中的填写方法，进行汇聚层设备数量的规划计算，其计算结果如图 7-11 所示。

图　7-11

注：由于举例时将万绿市定位为大型城市，故单汇聚设备带基站数选用的是大型。

步骤 3：依据拓扑规划图 7-1、图 7-2 进行汇聚层拓扑选择，选择为环形拓扑。

步骤 4：参照接入层容量规划中的填写方法进行汇聚设备上行链路工作带宽计算，其结果如图 7-12 所示。

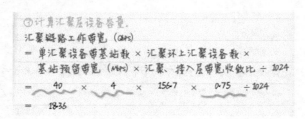

图　7-12

步骤 5：向下拖动滚动条进行汇聚环链路带宽计算，其计算结果如图 7-13 所示。

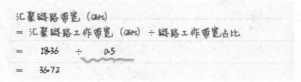

图　7-13

步骤 6：向下拖动滚动条进行汇聚环数量计算，其计算结果如图 7-14 所示。

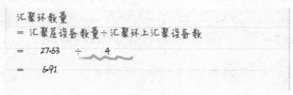

图　7-14

7.3.3　实习任务三：完成核心层设备容量规划

步骤 1：单击界面下方 按钮，进入核心层设备容量规划界面。

步骤 2：参照接入层容量规划计算中的方法，将相关参数对应公式进行核心网设备吞吐量计算，其计算结果如图 7-15 所示。

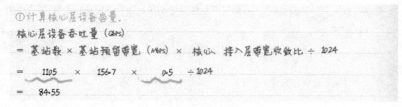

图　7-15

步骤 3：拖动界面右侧滚动条，根据拓扑规划中核心层设备数量，完成核心层设备数量规划，其结果如图 7-16 所示。

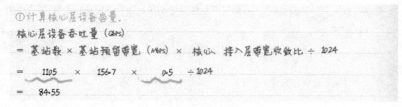

图　7-16

7.3.4　实习任务四：完成骨干层设备容量规划

步骤 1：单击界面右侧骨干页签，进入骨干层容量规划界面。

步骤 2：在骨干层容量规划界面中，骨干网设备吞吐量等于所有连接至骨干网城市核心网设备吞吐量之和，所涉及的参数在核心层容量计算时已得出结果，在此步骤中已自动进行计算，其结果如图 7-17 所示。

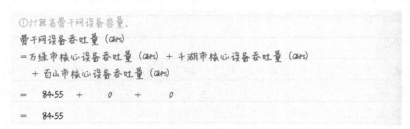

图　7-17

步骤 3：拖动界面右侧滚动条，根据拓扑规划中骨干层设备数量，完成骨干层设备数量规划，其结果如图 7-18 所示。

图　7-18

步骤 4：容量规划完成后可单击界面右上角 生成规划报告 Evolved-Utran 按钮生成规划报告，直观的显示出容量规划中所涉及的关键性参数，其显示结果如图 7-19 所示。

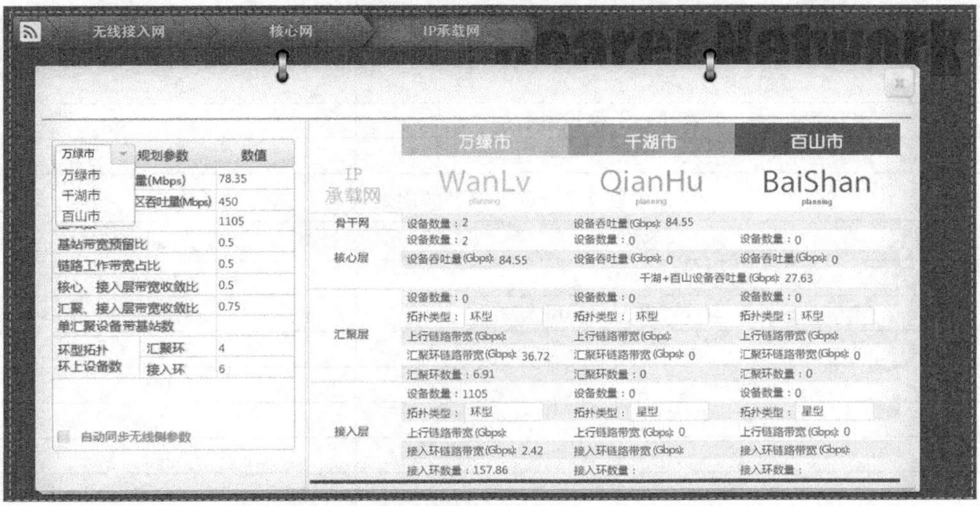

图　7-19

若要关闭此容量计算报告可单击报告右上角 ⊠ 按钮。

7.4 总结与思考

7.4.1 实习总结

容量规划是网络规划中非常重要的一部分，容量规划与前期拓扑规划是密不可分的，容量规划直接决定了后期设备的选型和部署。

7.4.2 思考题

1. IP 承载网容量规划都涉及哪些参数，哪些参数是从无线侧直接提取的？

2. 后期设备选型时同一层次环内设备互联端口的容量在容量规划中以哪个参数作为依据，不同层次设备互联端口的容量在容量规划中以哪个参数作为依据？

7.4.3 练习题

规划时无线侧将千湖市规划为中型网络城市、将百山市规划为中小型网络城市，请以表 7-1、7-2 中的数据，完成千湖市、百山市接入层到核心层设备的容量规划，并重新生成一张容量规划报告。

表 7-1 千湖市参数规划表

参　　数	规　划　值
单站平均吞吐量（Mbit/s）	40.97
MIMO 单站三扇区吞吐量（Mbit/s）	450
基站数	905
基站带宽预留比	0.5
链路工作带宽占比	0.5
核心、接入层带宽收敛比	0.5
汇聚、接入层带宽收敛比	0.75
单汇聚设备带基站数	25
（环形拓扑）汇聚环上汇聚设备数	6
（环形拓扑）接入环上接入设备数	7

表 7-2 百山市参数规划表

参　　数	规　划　值
单站平均吞吐量（Mbit/s）	46.85
MIMO 单站三扇区吞吐量（Mbit/s）	314
基站数	304
基站带宽预留比	0.5
链路工作带宽占比	0.5
核心、接入层带宽收敛比	0.5
汇聚、接入层带宽收敛比	0.75
单汇聚设备带基站数	25
（环形拓扑）汇聚环上汇聚设备数	5
（环形拓扑）接入环上接入设备数	6

实习单元 8

调备配置

8.1 实习说明

8.1.1 实习目的

掌握 4G 全网仿真软件中设备添加、删除的方法。

掌握 4G 全网仿真软件中设备线缆连接、删除的方法。

8.1.2 实习任务

1. 完成某机房设备的添加、删除操作。

2. 完成同机房设备线缆连接、拆除操作。

3. 完成万绿市 A 站点机房 PTN 设备的添加，并完成与万绿市 B 站点机房 PTN 设备之间的连线。

8.1.3 实习时长

4 课时

8.2 拓扑规划

实习任务拓扑规划如图 8-1 所示。

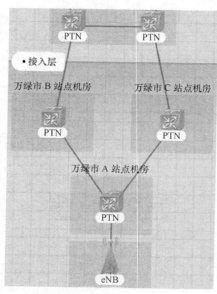

图 8-1

数据规划

无

8.3 实习步骤

8.3.1 实习任务一：完成设备添加、删除操作

步骤 1：打开并登录仿真软件后，选择最顶端 设备配置 页签，进入到设备配置界面，如图 8-2 所示。

图 8-2

步骤 2：将鼠标放至设备配置界面中跳动的 ![icon] 上，会提示出机房的名称，如图 8-3 所示。

图　8-3

步骤 3：单击小气球图标进入到该站点对应的机房内部或者室外基站（房子和铁塔），若为室外基站，则单击如图 8-4 所示黄色箭头指示位置（房屋的门），可进入机房内部。

步骤 4：进入机房后，机房内显示有黄色箭头指示的蓝色机柜为设备所要安装的机柜，如图 8-5 所示。

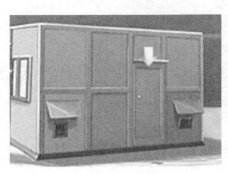

图　8-4

图　8-5

步骤 5：单击机柜图标进入到机柜内部，在界面右下角显示设备池（见图 8-6），添加时在设备池中选择对应的设备（将鼠标放至对应设备侧会显示该设备相关性能参数，若设备种类一页显示不全可单击设备池上下侧指示箭头可进行翻页）。

步骤 6：在右下角设备池中找到小型 PTN 设备后，选中该设备按住鼠标左键不放，将鼠标移至机柜内，松开鼠标，完成设备添加，其操作结果如图 8-7 所示。

图 8-6

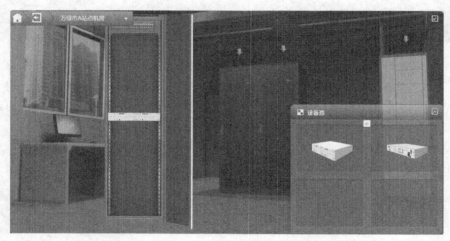

图 8-7

步骤 7：若设备添加错误，需将设备删除，进入机柜后选中待删除设备，按住鼠标左键不放，将设备拖至机柜外部，弹出如图 8-8 提示，单击确定按钮将设备删除。

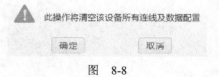

此操作将清空该设备所有连线及数据配置

确定　　取消

图 8-8

8.3.2 实习任务二：完成设备线缆连接、删除操作

1. 设备线缆连接步骤

步骤 1：在任务一基础之上，鼠标左键单击机柜内设备，设备面板图放大，同时会在界面右下角显示线缆池，操作后结果如图 8-9 所示（面板图放大后将鼠标放至两侧箭头处可使设备面板进行水平移动，从而完整地显示出设备所有的板卡）。

步骤 2：鼠标单击线缆池中所要使用的线缆后，将鼠标移至线缆所要连接的端口

处单击鼠标左键（此时线缆可使用端口会变成黄色），线缆即插至该端口，如图 8-10
所示。

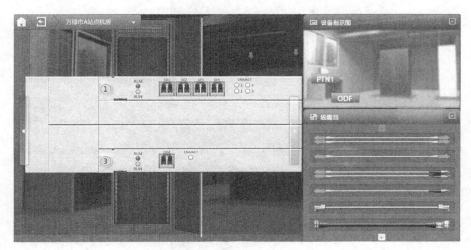

图　8-9

图　8-10

步骤 3：用鼠标单击右上角（设备指示图，见图 8-11）中线缆所要连接的另外一端
设备名称按钮。

步骤 4：鼠标单击界面中显示的待连接设备面板对应端口，完成设备的连线，如图 8-12
所示。

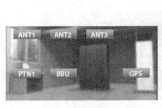

图　8-11

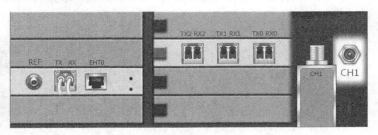

图　8-12

2. 设备线缆拆除步骤

步骤 1：进入机房后，单击右上角设备指示图中的 PTN 设备按钮，进入设备面板图，
如图 8-13 所示。

步骤 2：将鼠标放至待拆除设备端口后，按住鼠标左键不放，将线缆移动出该端口
后松开鼠标，完成线缆拆除，操作结果如图 8-14、图 8-15 所示。

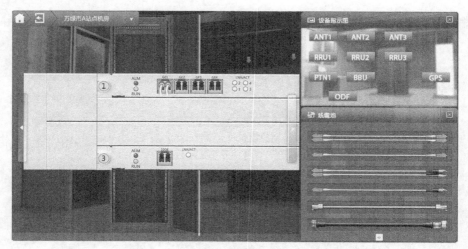

图 8-13

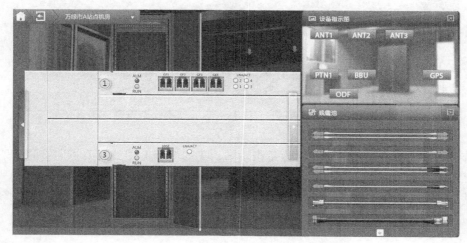

图 8-14

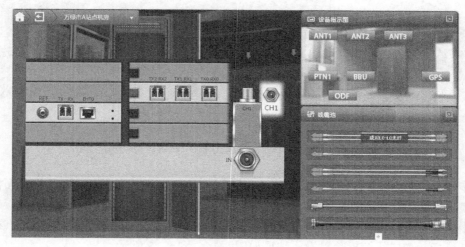

图 8-15

8.3.3　实习任务三：万绿市 A 站点机房 PTN 与万绿市 B 站点机房 PTN 连线

步骤 1：参照实习任务一进入万绿市 A 站点机房 PTN 设备的添加，操作结果如图 8-16 所示。

图　8-16

步骤 2：将鼠标移至界面左上角机房名称处，在下拉列表中选择万绿市 B 站点机房，进入该机房，操作如图 8-17 所示。

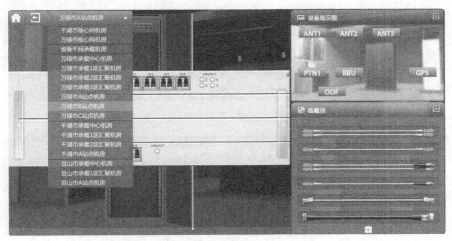

图　8-17

步骤 3：单击机房内如图 8-18 所示机柜图标，进入设备机柜。

步骤 4：单击机柜图标后，在右下角设备池中选择拓扑中规划的 PTN 设备拖放至机柜中进行设备的添加，操作结果如图 8-19 所示。

步骤 5：在设备指示图中若无 ODF 按钮，单击左上角 ⬅ 按钮，返回机房机架显示图界面，单击图 8-20 中黄色箭头所指示白色机柜，然后在单击左上角 ➡ 按钮，此时 ODF 机架会在右上角设备指示图中显示，若无设备指示图界面，请单击右上角 ▣ 按钮。

图 8-18

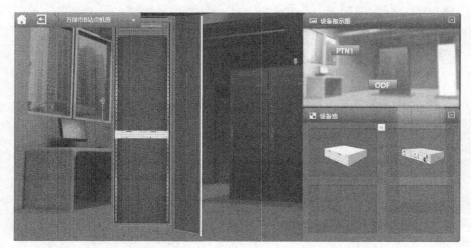

图 8-19

图 8-20

步骤 6：在图 8-21 中单击设备指示图中的 PTN1 设备按钮，显示出 PTN1 设备面板图，操作结果如图 8-21 所示。

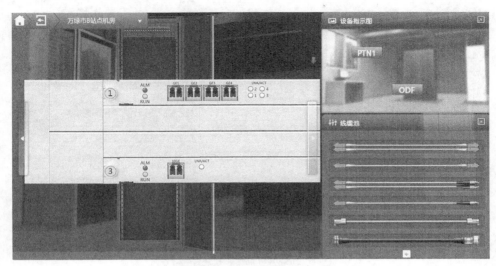

图　8-21

步骤 7：单击线缆池中成对 LC-FC 光纤，将尾纤一端连接至 PTN 设备面板图中 1 槽位 1 端口，操作结果如图 8-22 所示。

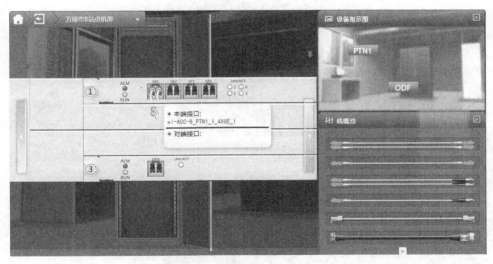

图　8-22

步骤 8：单击设备指示图中 ODF 图标，将尾纤连接至如图 8-23 所示位置。

步骤 9：参照步骤 2 中机房切换方法，从 B 站点机房切换至 A 站点机房，如图 8-24 所示。

步骤 10：单击设备指示图中 PTN 设备按钮，在线缆池中选择成对 LC-FC 光纤，将尾纤一端连接至 PTN 设备面板图中 1 槽位 1 端口，操作结果如图 8-25 所示。

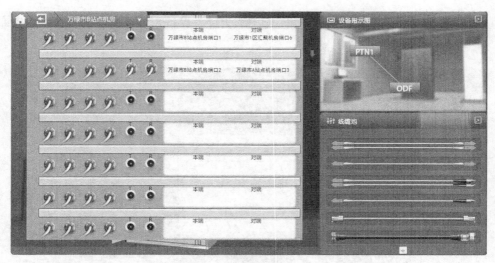

图 8-23

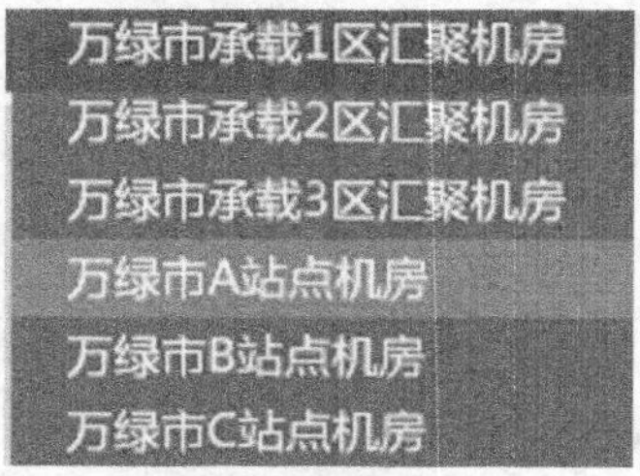

万绿市承载1区汇聚机房
万绿市承载2区汇聚机房
万绿市承载3区汇聚机房
万绿市A站点机房
万绿市B站点机房
万绿市C站点机房

图 8-24

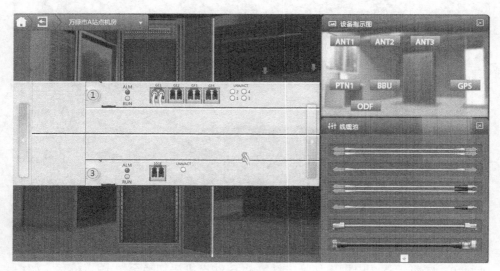

图 8-25

步骤 11：单击设备指示图中 ODF 设备按钮，将尾纤另一端连接至如图 8-26 所示位置。

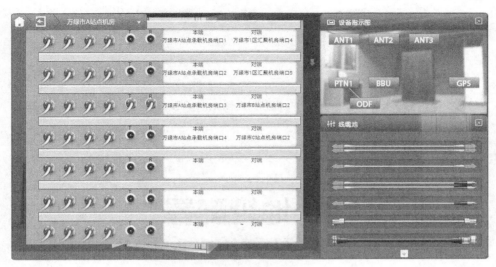

图　8-26

8.4　总结与思考

8.4.1　实习总结

在数据配置之前，必须先进行设备的安装及连线，设备连线正确与否关系到设备之间是否能够正常地通信，在进行线缆连接时要根据实际的应用场景来选择合适的线缆。

8.4.2　思考题

1．在设备进行连线时 LC-FC 光纤的应用场景是什么，LC-LC 的应用场景是什么？
2．在设备连线时如何识别端口的速率级别，不同速率级别端口连线是否能够连接？
3．在汇聚层设备与 OTN 设备连线时如何进行连接？

8.4.3　练习题

参照实习拓扑规划，完成拓扑中剩余部分设备的添加及连线。

实习单元 9

IP 地址配置

9.1 实习说明

9.1.1 实习目的

掌握 4G 仿真软件中路由器、PTN 设备 IP 地址配置方法。

熟悉 IP 地址规划的原则。

9.1.2 实习任务

1. 路由器接口 IP 地址配置。
2. 路由器子接口 IP 地址配置。
3. PTN 接口 IP 地址配置。
4. PTN、路由器设备 loopback 地址配置。

9.1.3 实习时长

1 学时

9.2 拓扑规划

无

数据规划

实习任务数据规划如表 9-1 所示。

表 9-1　　　　　　　　万绿市中心机房路由器设备 **IP** 规划

端　　口	IP 地址	子网掩码
100G-1/1	172.16.1.1	255.255.255.252
100G-2/1.1（VLAN 30）	172.16.1.5	255.255.255.252
100G-2/1.2（VLAN 40）	172.16.1.9	255.255.255.252
Loopback1	1.1.1.1	255.255.255.255

表 9-2　　　　　　　万绿市中心机房 **PTN** 设备 **IP** 及 **VLAN** 规划

端　　口	IP 地址	子网掩码
100G-1/1（VLAN 10）	172.17.1.1	255.255.255.252
100G-2/1（VLAN 20）	172.17.1.5	255.255.255.252
Loopback1	2.2.2.2	255.255.255.255

9.3　实习步骤

9.3.1　实习任务一：完成路由器接口 IP 地址配置（以万绿市承载中心机房为例）

步骤 1：打开并登录软件，进入设备配置页签，将鼠标放至界面中任意一个跳动的，并单击进入该机房。

步骤 2：将鼠标放至界面左上角显示有机房名称的位置会显示机房列表，将鼠标移至要进入的机房后单击鼠标左键进入该机房（万绿市承载中心机房）。

步骤 3：进入机房后参照实习单元三设备添加方法进行路由器的添加，其操作过程及结果如图 9-1～图 9-4 所示。

 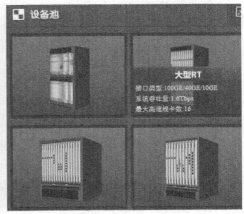

图　9-1　　　　　　　　图　9-2　　　　　　　　　　图　9-3

图 9-4

步骤 4：单击界面上方 数据配置 标签，进入数据配置界面，操作界面如图 9-5 所示。

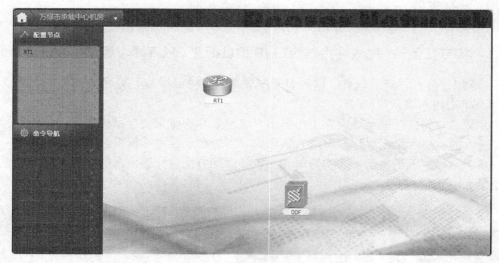

图 9-5

步骤 5：单击界面左侧 配置节点 下路由器选项，在命令导航框中会显示路由器配置相关信息，其操作结果如图 9-6 所示。

步骤 6：单击命令导航列表中第一项 物理接口配置，在界面右侧显示路由器所有接口的信息，如图 9-7 所示。

步骤 7：按照数据规划表中的相关信息将 100GE-1/1 口进行 IP 地址及子网掩码的输入，操作结果如图 9-8 所示。

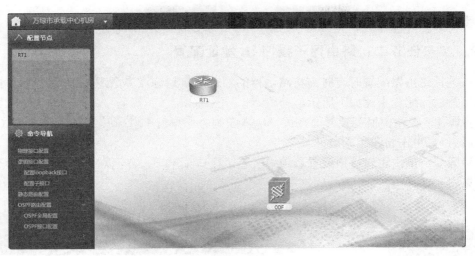

图　9-6

图　9-7

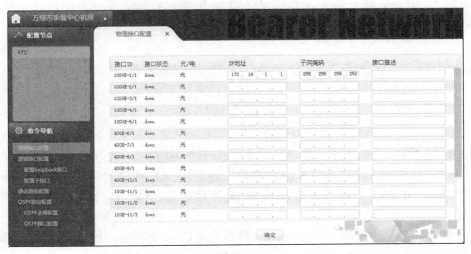

图　9-8

步骤 8：输入完毕后，单击下方确定按钮，进行输入信息的确认与保存。

9.3.2 实习任务二：路由器子接口 IP 地址配置

在进行路由器配置时有时需将路由器的物理接口划分成多个逻辑子接口进行 IP 地址的配置，其配置步骤如下所示。

步骤 1：在路由器配置界面，鼠标单击左侧命令导航中 逻辑接口配置 菜单选项（若菜单项后为>，单击将菜单项展开）。

步骤 2：单击逻辑接口配置选项中配置子接口菜单项，界面右侧显示子接口配置信息（见图 9-9）。

图　9-9

步骤 3：单击右侧界面中操作菜单下的 ✚ 按钮，进行子接口的添加，如图 9-10 所示。

图　9-10

步骤 4：在接口 ID 项中，在下拉菜单中进行端口的选择，在接口 ID 小数点后方框进行子接口 ID 的输入，在封装 VLAN 菜单下进行 VLAN 的输入，在 IP 地址及子网掩码菜单下进行 IP 地址及掩码的输入（参照数据规划进行填写），其操作结果如图 9-11 所示。

步骤 5：单击下方确定按钮，完成子接口相关信息的保存，此时接口状态菜单会显示目前该端口的状态是否正常。

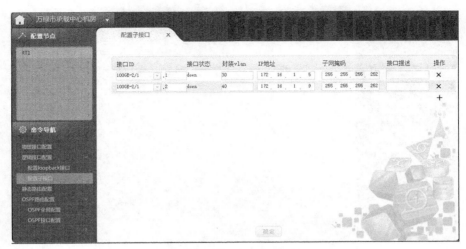

图　9-11

9.3.3　实习任务三：完成 PTN 接口 IP 地址配置

由于 PTN 设备核心为三层交换机，交换机设备无法在接口下直接配置 IP 地址，只能将 IP 地址配置在 VLAN 中，然后再将 VLAN 与接口进行关联。

步骤 1：单击设备配置页签，进入万绿市承载中心机房添加一台 PTN 设备，操作结果如图 9-12 所示。

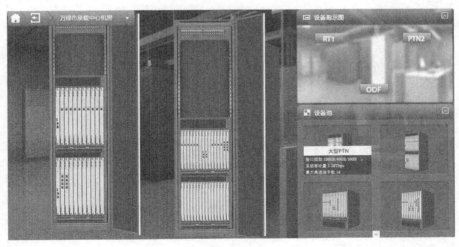

图　9-12

步骤 2：单击界面上方 数据配置 页签，将鼠标放至界面左上角承载页签，在下拉列表中选择万绿市承载中心机房，进入该机房数据配置界面，如图 9-13 所示。

步骤 3：单击界面左侧 配置节点 下 PTN 选项，在命令导航框中会显示 PTN 配置相关信息，其操作结果如图 9-14 所示。

步骤 4：单击命令导航中第一项 物理接口配置 ，在界面右侧会显示 PTN 所有接口的信息，结果如图 9-15 所示。

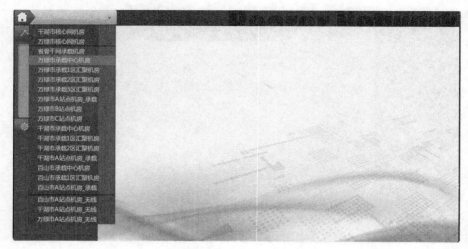

图 9-13

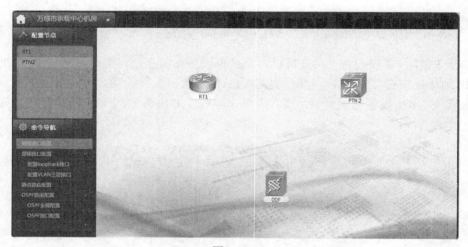

图 9-14

图 9-15

步骤 5：在界面右侧显示的接口中找到对应端口，在 VLAN 模式列表中进行 VLAN 模式的选择，并在关联 VLAN 菜单项中进行 VLAN 与端口的关联，完成后单击确定按钮进行数据保存，操作如图 9-16 所示。

图　9-16

步骤 6：单击左侧命令导航逻辑接口配置菜单下的 配置VLAN三层接口 选项，右侧会显示配置 VLAN 三层接口界面，操作界面如图 9-17 所示。

图　9-17

步骤 7：单击操作菜单下 ✚ 按钮，进行 VLAN 三层接口的配置，操作结果如图 9-18 所示。

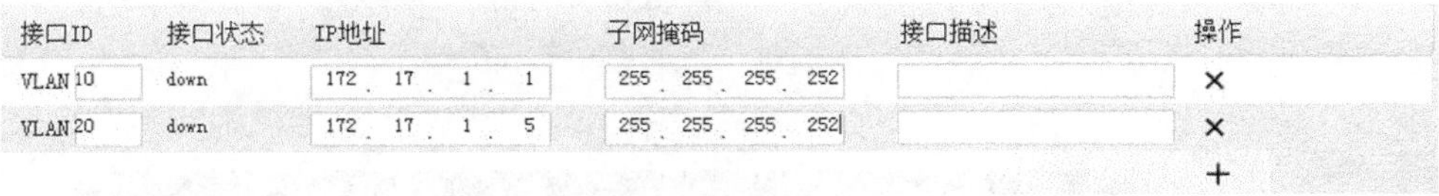

图　9-18

步骤 8：单击确定按钮进行相关信息的确认与保存。

9.3.4　实习任务四：完成 PTN 或路由器设备 loopback 地址配置

步骤 1：参照上述任务进入到 PTN 设备或者路由器设备配置界面（以 PTN 设备为例，路由器与 PTN 配置过程相同）。

步骤 2：在命令导航框中选择逻辑接口配置下的配置 loopback 接口选项，如图 9-19

所示。

图　9-19

步骤 3：在界面右侧显示的配置 loopback 接口界面中，单击操作菜单下的 ＋ 按钮进行 loopback 接口的添加，操作界面如图 9-20 所示。

图　9-20

步骤 4：按照数据规划表中的内容进行 loopback 编号、IP 地址、子网掩码的输入，操作如图 9-21 所示。

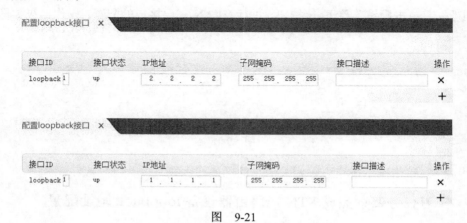

图　9-21

步骤 5：单击界面下方确定按钮，进行相关配置信息的确认和保存。

9.4　总结与思考

9.4.1　实习总结

在进行 IP 地址配置时路由器可以直接在接口下进行 IP 地址的配置，也可以在物理接口下创建子接口进行 IP 地址的配置，在进行子接口创建时，物理接口下不配置 IP 地址，将 IP 地址配置在子接口下，并且需要在子接口下封装相应的 VLAN，PTN 设备不能够直接在接口下进行 IP 地址配置，只能够通过创建 VLAN 三层接口进行 IP 地址的配置，并在接口关联相应的 VLAN。

9.4.2　思考题

1．同一台路由器的两个接口在配置时是否能够配置在同一网段？
2．如何删除 PTN 或者路由器中的逻辑接口？
3．PTN 或者路由器中 IP 地址配置完毕后为何端口显示为 down？
4．一个机房的 IP 地址配置完成后如何切换到其他机房进行相关 IP 配置？

9.4.3　练习题

1．完成如下拓扑中设备的添加、连线。
2．进行设备 IP 地址及相关 VLAN 的规划。
3．配置完毕后查看相连接口的状态是否为 UP。

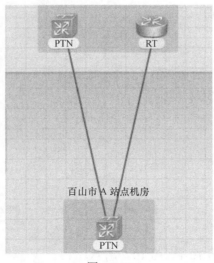

图　9-22

实习单元 10

VLAN 配置

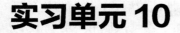
10.1　实习说明

10.1.1　实习目的

掌握交换机接口的几种 VLAN 模式。

熟悉交换机 VLAN 转发原则。

熟悉不同 VLAN 模式的应用场景。

10.1.2　实习任务

1. 单交换机下 VLAN 之间的通信。
2. 跨交换机 VLAN 之间的通信。

10.1.3　实习时长

2 课时

10.2　拓扑规划

实习任务拓扑规划如图 10-1、图 10-2 所示。

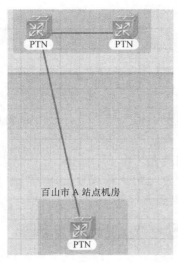

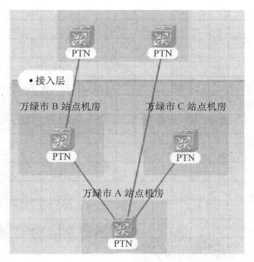

图　10-1　　　　　　　　　　　　　　　　　图　10-2

数据规划

实习任务拓扑数据规划如表 10-1、表 10-2 所示。

表 10-1　拓扑数据规划（一）

设备名称	本端端口	端口 IP	端口 VLAN	端口模式	对端设备
百山市 A 站点	GE-1/1	192.168.1.1/24	2	Access	汇 1PTN-1
百山市 1 区汇聚机房 PTN-1	GE-1/1	无	10	Access	汇 1PTN-2
百山市 1 区汇聚机房 PTN-1	GE-1/2	无	10	Access	百山 A 站
百山市 1 区汇聚机房 PTN-2	GE-1/1	192.168.1.2/24	3	Access	汇 1PTN-1

表 10-2　拓扑数据规划（二）

设备名称	本端端口	端口 IP	端口 VLAN	端口模式	对端设备
万绿市 A 站点	GE-1/1	无	10	Access	万绿 C 站
万绿市 A 站点	GE-1/2	无	10，20	Trunk	万绿 B 站
万绿市 A 站点	GE-1/3	无	20	Access	汇 1PTN-2
万绿市 B 站点	GE-1/1	无	10	Access	汇 1PTN-1
万绿市 B 站点	GE-1/2	无	10，20	Trunk	万绿 A 站
万绿市 C 站点	GE-1/1	192.168.2.1/24	4	Access	万绿 A 站
万绿市 1 区汇聚机房 PTN-1	GE-1/1	192.168.2.2/24	5	Access	万绿 B 站
万绿市 1 区汇聚机房 PTN-2	GE-1/1	192.168.2.3/24	6	Access	万绿 A 站

10.3 实习步骤

10.3.1 实习任务一：完成单交换机下 VLAN 通信

步骤 1：打开并登录软件，按照拓扑表及数据规划表中相关信息进行设备添加及设备连线。

步骤 2：单击界面上方业务调试按钮，查看拓扑搭建是否与图 10-1 一致。

步骤 3：单击界面上方数据配置页签，将鼠标移至左上角承载菜单处，在下拉列表中选择百山市 A 站点机房，进入该机房数据配置界面，操作如图 10-3 所示。

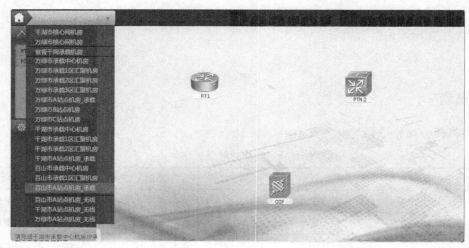

图　10-3

步骤 4：单击配置节点下 PTN 设备按钮，在命令导航中单击物理接口配置菜单按照数据规划表进行物理接口数据配置，配置完毕后如图 10-4 所示。

接口ID	接口状态	光/电	VLAN模式	关联VLAN	接口描述
GE-1/1	up	光	access	2	
GE-1/2	down	光	access	1	

图　10-4

步骤 5：单击命令导航中逻辑接口配置选项下的配置 VLAN 三层接口菜单项，进行相关数据配置，操作结果如图 10-5 所示。

配置VLAN三层接口 ×

接口ID	接口状态	IP地址	子网掩码	接口描述	操作
VLAN 2	up	192.168.1.1	255.255.255.0		×
					+

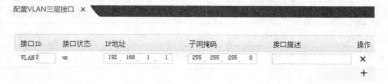

图　10-5

步骤 6：单击界面上方承载页签切换至百山市 1 区汇聚机房，对 PTN-1 设备物理接口进行数据配配置，其操作结果如图 10-6 所示。

图　10-6

步骤 7：单击配置节点下 PTN-2，按钮对百山市 1 区汇聚机房 PTN-2 设备物理接口相关数据进行配置，其操作结果如图 10-7 所示。

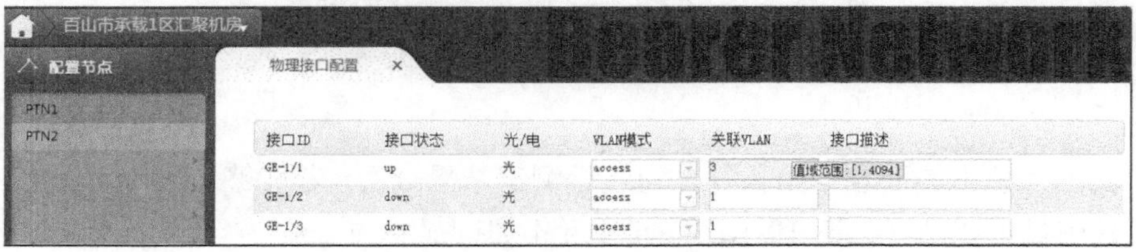

图　10-7

步骤 8：单击命令导航中逻辑接口配置选项下的配置 VLAN 三层接口，进行相关数据配置，操作结果如图 10-8 所示。

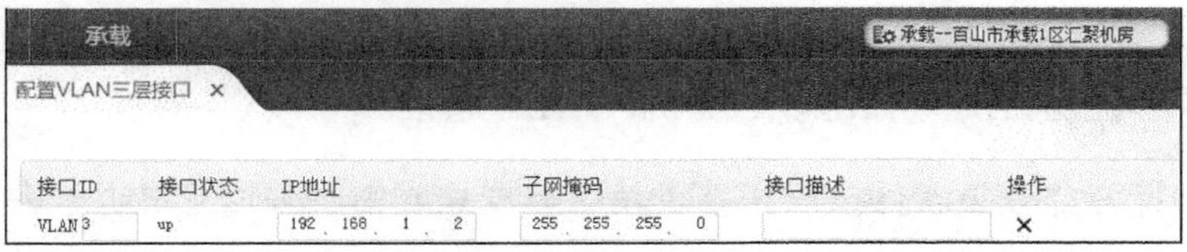

图　10-8

步骤 9：操作完成后，单击界面上方 业务调试 页签后单击承载网页签，进入承载网业务调试界面，操作界面如图 10-9 所示。

步骤 10：单击界面右侧 ping 选项进行测试（在进行 ping 命令测试时，先将鼠标放至一个待测试节点，在弹出的列表中将该节点 IP 地址作为源或者目的，若该节点作为源，则将对端要测试的地址按照同样的方法选为目的），其操作过程如图 10-10、图 10-11 所示。

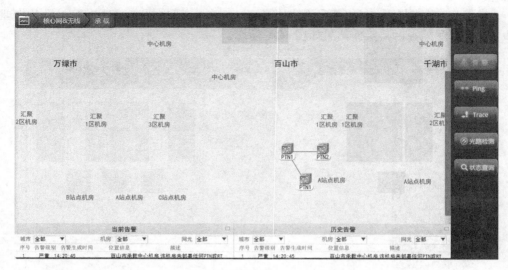

图　10-9

图　10-10　　　　　　　　　　　　　图　10-11

步骤 11：单击界面左下角执行按钮进行测试结果查看，若能够 ping 通，则在右下角操作记录中显示成功（见图 10-12），如 ping 不通则显示为失败。

	当前结果				操作记录		
源地址 192.168.1.1	目的地址 192.168.1.2	执行		开始时间 全部 ▼	结束时间 全部 ▼		
192.168.1.2 的Ping 统计信息：				序号 时间	源地址	目的地址	结果
数据包：已发送=4, 已接收=4, 丢失=0 0%丢失				1 23:11:30	192.168.1.1	192.168.1.2	成功

图　10-12

10.3.2　实习任务二：完成跨交换机 VLAN 通信

步骤 1：打开并登录软件按照拓扑表及数据规划表中相关信息进行设备添加及设备连线。

步骤 2：单击界面上方 业务调试 按钮，查看拓扑搭建是否与拓扑图一致。

步骤 3：单击界面上方数据配置页签，将鼠标移至左上角承载菜单处，在下拉列表中选择万绿市 A 站点机房，进入该机房数据配置界面，操作如图 10-13 所示。

步骤 4：单击配置节点下 PTN 设备按钮，在命令导航中单击物理接口配置菜单，按照数据规划表进行物理接口数据配置，配置完毕后如图 10-14 所示。

步骤 5：单击界面上方承载页签，切换至万绿市 B 站点机房，操作结果如图 10-15所示。

图　10-13

图　10-14

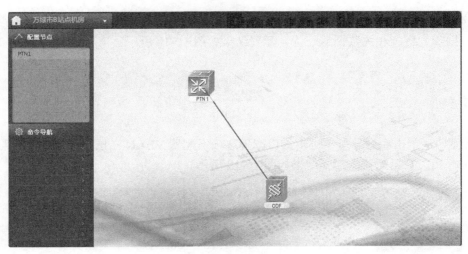

图　10-15

步骤 6：单击配置界面下 PTN1 设备按钮，进入 PTN 设备配置界面，在命令导航中单击物理接口配置菜单，参照数据规划进行相关数据的配置，配置结果如图 10-16所示。

步骤 7：单击界面上方承载页签，切换至万绿市 C 站点机房数据配置界面，操作结果如图 10-17 所示。

图　10-16

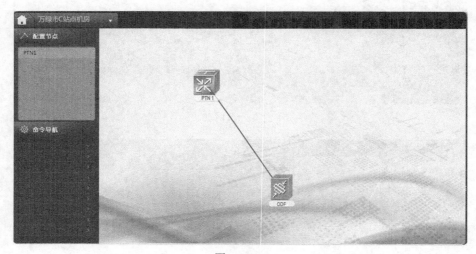

图　10-17

步骤 8：单击配置节点下 PTN1 设备按钮，在命令导航中单击物理接口配置菜单，按照数据规划进行相关数据的配置，配置结果如图 10-18 所示。

接口ID	接口状态	光/电	VLAN模式	关联VLAN	接口描述
GE-1/1	up	光	access	4	

图　10-18

步骤 9：单击命令导航中逻辑接口配置选项下配置 VLAN 三层接口菜单，按照数据规划进行相关数据配置，配置结果如图 10-19 所示。

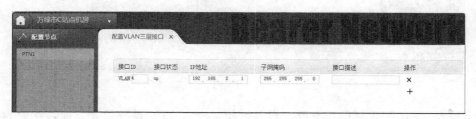

图　10-19

步骤 10：单击界面上方承载页签切换至万绿市 1 区汇聚机房，对 PTN-1 设备进行物理接口及 VLAN 三层接口配置，按照数据规划表中的数据进行相关配置，配置结果如图 10-20、图 10-21 所示。

图　10-20

图　10-21

步骤 11：单击配置节点下 PTN2 设备按钮，按照数据规划对其进行物理接口和 VLAN 三层接口配置，操作结果如图 10-22、图 10-23 所示。

图　10-22

图　10-23

步骤 12：数据配置完毕后，参照任务一步骤 5 至步骤 7 进行 ping 测试，通过操作记录查看哪些设备之间可以 ping 通，哪些设备之间不能 ping 通。

10.4　总结与思考

10.4.1　实习总结

同一台交换机下相同 VLAN 之间可以通信，不同 VLAN 之间不能够进行通信，VLAN 通信时不受物理位置的限制，可以实现跨交换机 VLAN 的通信。

10.4.2　思考题

两个交换机直接相连，互联端口在同一网段不同 VLAN 下是否可以进行通信，为什么？

10.4.3　练习题

交换机端口 VLAN 转发原则是什么（access 或 trunk）？

实习单元 11

VLAN 间路由

11.1 实习说明

11.1.1 实习目的

1. 了解 VLAN 间路由方式应用场景。
2. 掌握 VLAN 间路由的配置方法及特点。

11.1.2 实习任务

1. 普通 VLAN 间路由配置方法。
2. 单臂路由配置方法。
3. 三层交换机 VLAN 间路由配置方法。

11.1.3 实习时长

4 学时

11.2 拓扑规划

实习任务拓扑规划如图 11-1～图 11-3 所示。

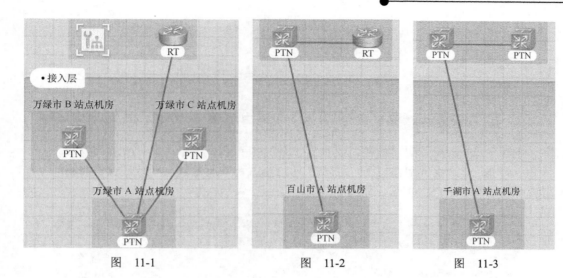

图 11-1　　　　　　　　图 11-2　　　　　　　　图 11-3

数据规划

实习任务数据规划如表 11-1～表 11-3 所示。

表 11-1　VLAN 间路由拓扑数据规划（一）

设备名称	本端端口	VLAN-ID	IP 地址	对端设备及端口
万绿 A 站点	GE-1/1	10	无	万绿 1 区汇聚机房 7/1
万绿 A 站点	GE-1/2	20	无	万绿 1 区汇聚机房 7/2
万绿 A 站点	GE-1/3	10	无	万绿 B 站点 GE-1/1
万绿 A 站点	GE-1/4	20	无	万绿 C 站点 GE-1/1
万绿 B 站点	GE-1/1	3	192.168.1.1/24	万绿 A 站点 GE-1/1
万绿 C 站点	GE-1/1	4	192.168.2.1/24	万绿 A 站点 GE-1/2
万绿 1 区汇聚机房	GE-7/1	无	192.168.1.254/24	万绿 A 站点 GE-1/3
	GE-7/2		192.168.2.254/24	万绿 A 站点 GE-1/4

表 11-2　VLAN 间路由拓扑数据规划（二）

设备名称	本端端口	VLAN-ID	IP 地址	对端设备及端口
百山 A 站点	GE-1/1	3	192.168.3.1/24	百山 1 区汇聚机房 PTN GE-7/1
百山 1 区汇聚机房 PTN	GE-7/1	10	无	百山站点 GE-1/1
百山 1 区汇聚机房 PTN	GE-7/2	10	无	百山 1 区汇聚机房 RT GE-7/1
百山 1 区汇聚机房 RT	GE-7/1.1	10	192.168.3.2/24	百山 1 区汇聚机房 PTN GE-7/2

表 11-3　VLAN 间路由拓扑数据规划（三）

设备名称	本端端口	VLAN-ID	IP 地址	对端设备及端口
千湖 A 站点	GE-1/1	6	192.168.3.1/24	千湖 1 区汇聚机房 PTN-1 GE-7/1
千湖 1 区汇聚机房 PTN-1	GE-7/1	30	192.168.3.2/24	千湖 A 站点 GE-1/1
千湖 1 区汇聚机房 PTN-1	GE-7/2	40	192.168.4.2/24	千湖 1 区汇聚机房 PTN-2 GE-7/1
千湖 1 区汇聚机房 PTN-2	GE-7/1	7	192.168.4.1/24	千湖 1 区汇聚机房 PTN-1 GE-7/2

11.3 实习步骤

11.3.1 实习任务一：完成普通 VLAN 间路由配置

步骤 1：单击设备配置页签，按照拓扑图 11-1 在相应的机房添加对应的设备。

步骤 2：单击设备配置页签，进入 A 站点机房，参照数据规划进行设备的连线，单击设备指示图中 PTN1 按钮，如图 11-4 所示。

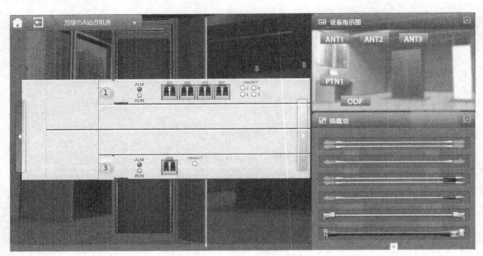

图　11-4

步骤 3：在线缆池中选择成对 LC-FC 尾纤，将尾纤一端连接至 PTN 设备 1 槽位 1 端口，操作结果如图 11-5 所示。

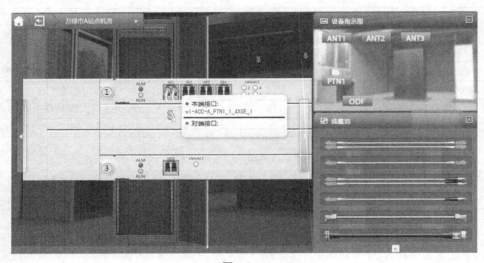

图　11-5

步骤 4：单击 ODF 按钮，用尾纤一端连接至如图 11-6 所示位置。

图　11-6

步骤 5：单击 PTN 设备按钮，选择成对 LC-FC 尾纤，将光纤一端连接至 PTN 设备 1 槽位 2 端口，操作结果如图 11-7 所示。

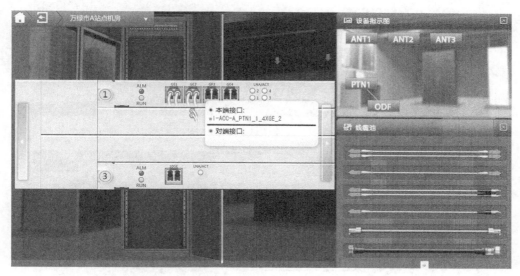

图　11-7

步骤 6：单击 ODF 按钮，将尾纤另外一端连接至如图 11-8 所示位置。

步骤 7：单击 PTN 按钮，选择成对 LC-FC 尾纤，将尾纤一端连接至 PTN 设备 1 槽位 3 端口，操作结果如图 11-9 所示。

步骤 8：单击 ODF 按钮，将尾纤另一端连接至如图 11-10 所示位置。

图　11-8

图　11-9

图　11-10

步骤 9：单击 PTN 设备按钮，选择成对 LC-FC 尾纤，将尾纤一端连接至 PTN 设备 1 槽位 4 端口，操作结果如图 11-11 所示。

图　11-11

步骤 10：单击 ODF 按钮，将尾纤另一端连接至如图 11-12 所示位置。

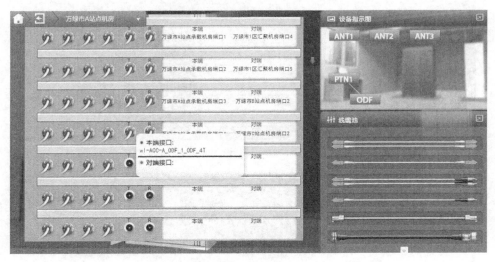

图　11-12

步骤 11：单击左上角显示机房名称菜单处，选中并单击万绿市 B 站点机房进入该机房，单击设备指示图中 PTN1 设备，在线缆池中选择成对 LC-FC 尾纤，将尾纤一端连接至 PTN 设备 1 槽位 1 端口，操作结果如图 11-13 所示。

步骤 12：单击 ODF 按钮，将尾纤另一端连接至图 11-14 所示位置。

步骤 13：按照步骤 11 的方法切换至万绿市 C 站点机房，单击 RT2 设备按钮，选择线缆池中成对 LC-FC 尾纤，将尾纤一头连接至 RT 设备 1 槽位 1 端口，操作结果如图 11-15 所示。

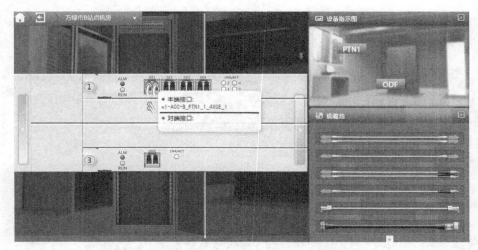

图　11-13

图　11-14

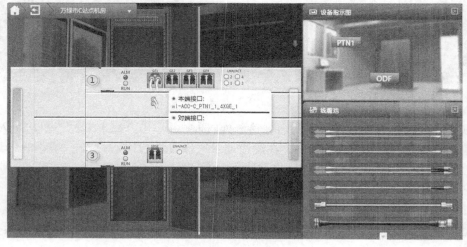

图　11-15

步骤 14：单击 ODF 按钮，将尾纤另一端连接至如图 11-16 所示位置。

图 11-16

步骤 15：切换至万绿市 1 区汇聚机房，单击设备指示图中 RT2 设备按钮，选择成对 LC-FC 尾纤，将尾纤一端连接至 RT 设备 7 槽位 1 端口，操作结果如图 11-17 所示。

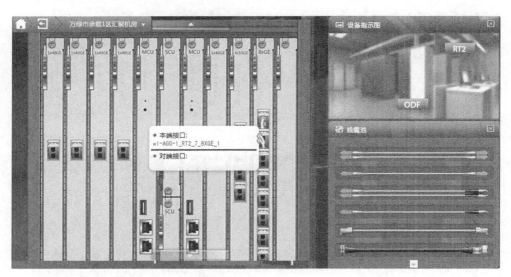

图 11-17

步骤 16：单击 ODF 按钮，将尾纤另一端连接至如图 11-18 所示位置。

步骤 17：单击 RT 设备按钮，选择线缆池中成对 LC-FC 尾纤，将其一端连接至 RT 设备 7 槽位 2 端口，操作结果如图 11-19 所示。

步骤 18：单击 ODF 按钮，将尾纤另外一端连接至如图 11-20 所示位置。

图　11-18

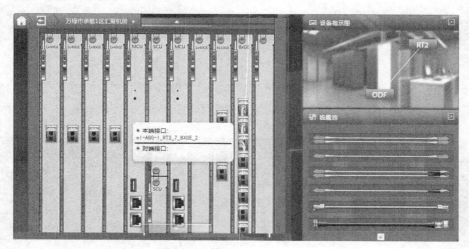

图　11-19

图　11-20

步骤 19：单击数据配置页签，并切换至万绿市 B 站点机房，根据数据规划进行物理端口数据配置，操作结果如图 11-21 所示。

图　11-21

步骤 20：单击命令导航中逻辑接口配置下的配置 VLAN 三层接口，进行 VLAN 接口配置，操作结果如图 11-22 所示。

图　11-22

步骤 21：切换至万绿市 C 站点机房，根据数据规划进行物理端口数据配置，操作结果如图 11-23 所示。

步骤 22：单击命令导航中逻辑接口配置下的配置 VLAN 三层接口，进行 VLAN 接口配置，操作结果如图 11-24 所示。

步骤 23：切换至万绿市 A 站点机房，根据数据规划进行物理端口数据配置，操作结果如图 11-25 所示。

图　11-23

图　11-24

图　11-25

步骤 24：切换至万绿市 1 区汇聚机房，根据数据规划进行物理端口数据配置，操作结果如图 11-26 所示。

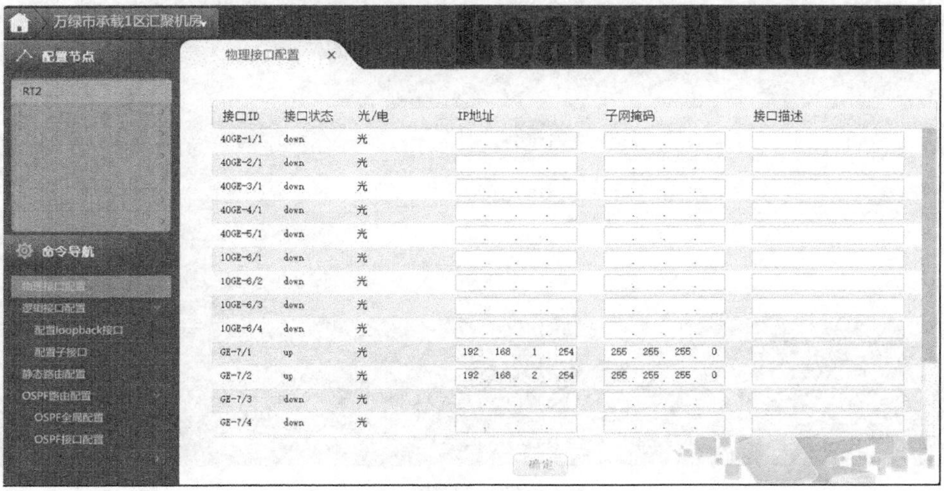

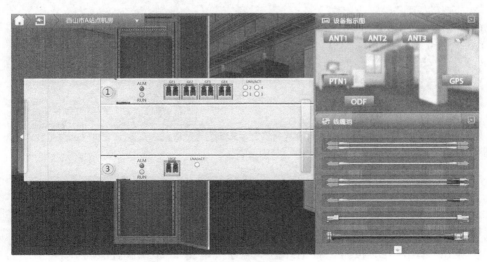

图　11-26

步骤 25：单击界面上方业务调试按钮选择承载网，单击 ping 测试进行 B 站点与 C 站点 IP 地址互通测试。

11.3.2　实习任务 2：掌握单臂路由配置方法

步骤 1：单击设备配置页签，按照拓扑图 11-2 在相应的机房添加对应的设备。

步骤 2：单击设备配置页签，进入 A 站点机房，参照数据规划进行设备的连线，单击设备指示图中 PTN1 按钮，操作结果如图 11-27 所示。

图　11-27

步骤 3：在线缆池中选择成对 LC-FC 尾纤，将尾纤一端连接至 PTN 设备 1 槽位 1

端口，如图 11-28 所示。

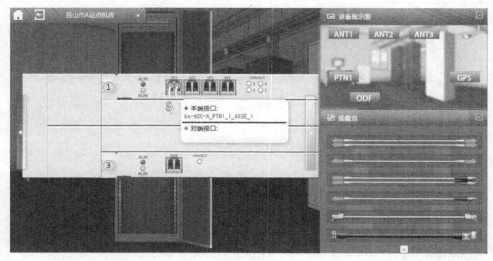

图　11-28

步骤 4：单击 ODF 按钮，用尾纤一端连接至图 11-29 所示位置。

图　11-29

步骤 5：单击左上角显示机房名称菜单处，选中并单击百山市 1 区汇聚机房进入 1 区汇聚机房，单击设备指示图中 PTN1 设备，在线缆池中选择成对 LC-FC 尾纤，将尾纤一端连接至 PTN 设备 7 槽位 1 端口，操作结果如图 11-30 所示。

步骤 6：单击 ODF 按钮，将尾纤另一端连接至图 11-31 所示位置。

步骤 7：单击 PTN1 设备按钮，选择线缆池中成对 LC-LC 尾纤，将尾纤一端连接至 PTN 设备 7 槽位 2 端口，操作结果如图 11-32 所示。

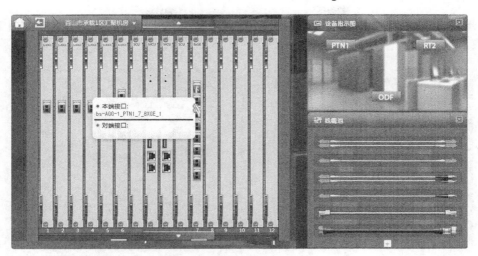

图 11-30

图 11-31

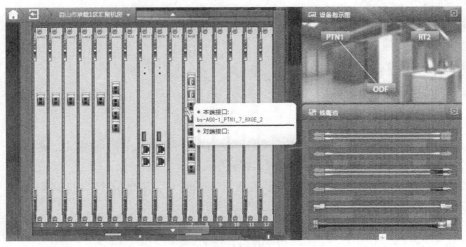

图 11-32

步骤 8：单击 RT2 按钮，将尾纤另一端连接至 RT 设备 7 槽位 1 端口，操作如图 11-33 所示。

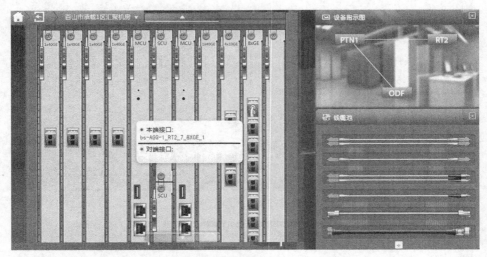

图　11-33

步骤 9：单击界面上方数据配置页签，单击承载下拉菜单项选中百山 A 站点机房，进入该站点数据配置界面，操作如图 11-34 所示。

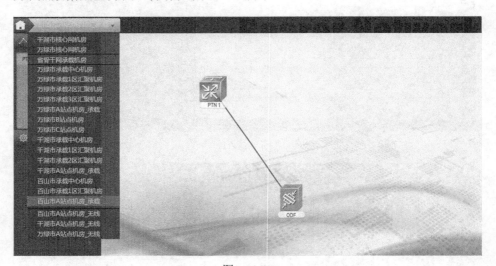

图　11-34

步骤 10：单击配置节点中 PTN1 按钮，在命令导航中单击物理接口配置根据规划进行相关物理接口配置，操作结果如图 11-35 所示。

步骤 11：在左侧命令导航框中，单击逻辑接口配置下的配置 VLAN 接口选项，按照数据规划进行相关数据配置，操作结果如图 11-36 所示。

步骤 12：切换至百山市 1 区汇聚机房，单击配置节点中的 PTN1 按钮，根据数据规划进行物理端口数据配置，操作结果如图 11-37 所示。

图　11-35

图　11-36

图　11-37

步骤 13：单击配置节点下的路由器 2 按钮后，单击命令导航下的逻辑接口配置，单击子接口配置进行子接口的创建及相关数据的配置，操作结果如图 11-38 所示。

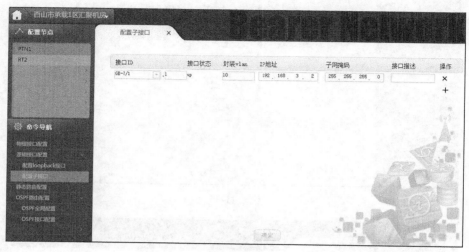

图　11-38

步骤 14：单击界面上方业务调试按钮单击承载网，进行百山市 A 站点与百山市汇聚 1 区路由器子接口 IP 地址 ping 测试。

11.3.3　实习任务 3：完成三层交换机 VLAN 间路由配置

步骤 1：单击设备配置页签，按照拓扑图 11-3 在相应的机房添加对应的设备。

步骤 2：单击设备配置页签，进入千湖市 A 站点机房，参照数据规划进行设备的连线，单击设备指示图中 PTN1 按钮，操作界面如图 11-39 所示。

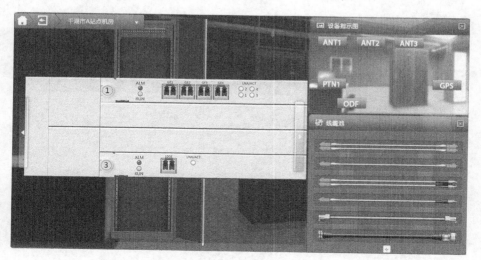

图　11-39

步骤 3：在线缆池中选择成对 LC-FC 尾纤，将尾纤一端连接至 PTN 设备 1 槽位 1 端口，如图 11-40 所示。

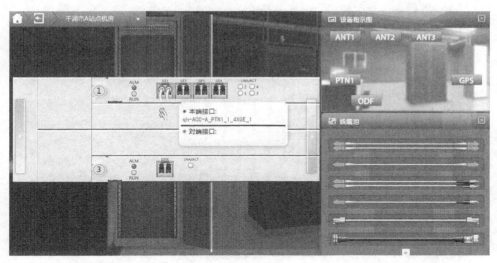

图　11-40

步骤 4：单击 ODF 按钮，用尾纤一端连接至图 11-41 所示位置。

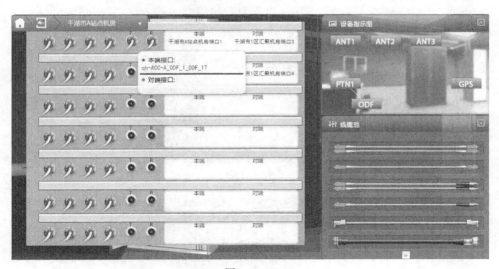

图　11-41

步骤 5：单击左上角显示机房名称菜单处，选中并单击千湖市 1 区汇聚机房进入该机房，单击设备指示图中 PTN1 设备，在线缆池中选择成对 LC-FC 尾纤，将尾纤一端连接至 PTN 设备 7 槽位 1 端口，操作结果如图 11-42 所示。

步骤 6：单击 ODF 按钮，将尾纤另一端连接至图 11-43 所示位置。

步骤 7：单击 PTN1 设备按钮，选择线缆池中成对 LC-LC 尾纤，将尾纤一端连接至 PTN 设备 7 槽位 2 端口，操作结果如图 11-44 所示。

图　11-42

图　11-43

图　11-44

步骤 8：单击 PTN2 按钮，将尾纤另一端连接至 PTN2 设备 7 槽位 1 端口，操作如图 11-45 所示。

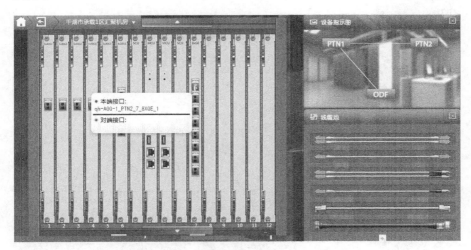

图　11-45

步骤 9：单击界面上方数据配置页签，单击承载下拉菜单项选中千湖 A 站点机房进入该站点数据配置界面，操作界面如图 11-46 所示。

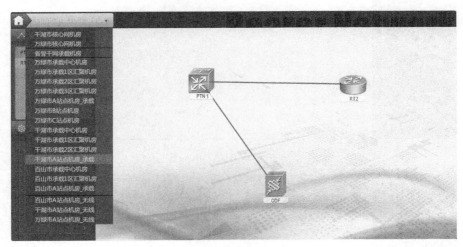

图　11-46

步骤 10：单击配置节点中 PTN1 按钮，在命令导航中单击物理接口配置根据规划进行相关物理接口配置，操作结果如图 11-47 所示。

步骤 11：在左侧命令导航框中，单击逻辑接口配置下的配置 VLAN 接口选项，按照数据规划进行相关数据配置，操作结果如图 11-48 所示。

步骤 12：切换至千湖市 1 区汇聚机房，单击配置节点中的 PTN1 按钮，根据数据规划进行物理端口数据配置，操作结果如图 11-49 所示。

图 11-47

图 11-48

图 11-49

步骤 13：单击命令导航下的逻辑接口配置菜单后，单击配置 VLAN 三层接口根据数据规划进行相关数据配置，操作结果如图 11-50 所示。

图   11-50

步骤 14：单击配置节点下的 PTN2 按钮后，单击命令导航下的物理接口配置，根据规划进行相关数据的配置，操作结果如图 11-51 所示。

图   11-51

步骤 15：单击命令导航框中逻辑接口配置后，单击配置 VLAN 三层接口，根据数据规划进行 VLAN 三层接口配置，操作结果如图 11-52 所示。

步骤 16：单击界面上方业务调试页签，进入承载网业务调试界面，对千湖市 A 站点与千湖市承载一区 PTN2 设备进行 ping 业务测试，并查看相关路由表。

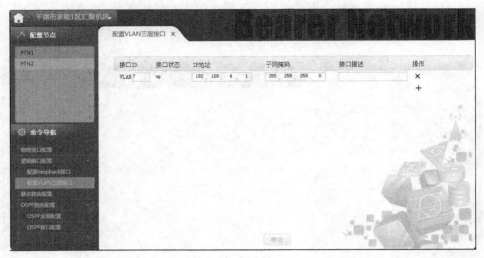

图　11-52

11.4　总结与思考

11.4.1　实习总结

VLAN 间路由配置每种配置方法都有各自的应用场景，在配置单臂路由时需在物理接口下配置子接口，并且在子接口封装相应的 VLAN，三层交换机 VLAN 间路由是目前应用最为广泛的方式。

11.4.2　思考题

VLAN 间路由方式都有哪几种？

11.4.3　练习题

VLAN 间路由方式各自都有什么特点？

实习单元 12

直连路由

12.1　实习说明

12.1.1　实习目的

学会如何查看路由表及路由表中各表项的作用。

掌握直连路由产生的条件。

12.1.2　实习任务

直连路由配置及路由表查看。

12.1.3　实习时长

1 课时

12.2　拓扑规划

实习任务拓扑规划如图 12-1 所示。

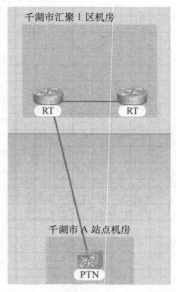

图　12-1

数据规划

1. 千湖市 A 站点机房：GE-1/1 :192.168.3.1/30，VLAN 11。
2. 千湖市 1 区汇聚机房路由器 1：GE-7/1:192.168.3.2/30，10GE-6/2:192.168.3.5/30。
3. 千湖市 1 区汇聚机房路由器 2：10GE-6/1:192.168.3.6/30。

12.3　实习步骤

步骤 1：打开并登录软件，按照拓扑规划在相应的机房进行设备的添加及线缆的连接，完成后在业务调试页签界面下单击左上角承载页签，查看拓扑是否与规划一致。

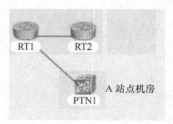

图　12-2

步骤 2：单击数据配置页签，在承载页签中选择千湖市 A 站点机房进入该站点数据配置界面，操作界面如图 12-3 所示。

步骤 3：单击配置界面下的 PTN1 按钮，在命令导航中按照数据规划进行物理接口及 VLAN 三层接口配置，其配置结果如图 12-4、图 12-5 所示。

图　12-3

图　12-4

图　12-5

步骤 4：单击界面上方承载页签，切换至千湖市 1 区汇聚机房，按照数据规划对两台路由器物理接口进行相应的数据配置，配置结果如图 12-6、图 12-7 所示。

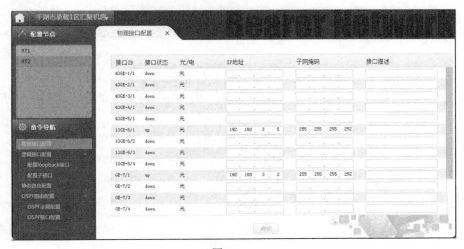

图　12-6

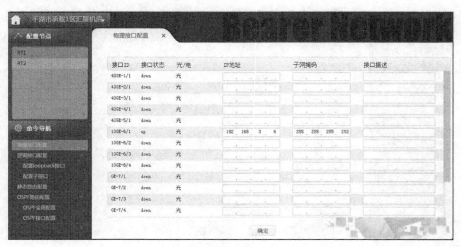

图 12-7

步骤 5：每台设备物理接口配置完毕后，单击确定按钮进行相关数据的保存。

步骤 6：单击界面右上角 业务调试 页签，进入业务调试界面，单击左上角承载页签后进入承载网业务调试页签，操作界面如图 12-8 所示。

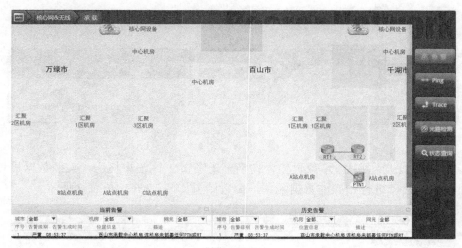

图 12-8

步骤 7：单击右侧状态查询菜单，进入相关状态查询界面。

步骤 8：将鼠标放至界面中任一设备网元会弹出相关查询菜单项，如图 12-9 所示。

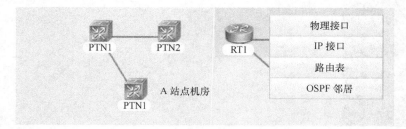

图 12-9

步骤 9：将鼠标移至路由表选项，单击鼠标左键，显示出该设备的路由信息，其操作结果如图 12-10 所示。

路由表						X
目的地址	子掩码	下一跳	出接口	来源	优先级	度量值
192.168.3.0	255.255.255.252	192.168.3.2	GE-7/1	direct	0	0
192.168.3.2	255.255.255.252	192.168.3.2	GE-7/1	address	0	0
192.168.3.4	255.255.255.252	192.168.3.5	10GE-6/1	direct	0	0
192.168.3.5	255.255.255.252	192.168.3.5	10GE-6/1	address	0	0

图　12-10

通过路由表可以直观地看出设备所连接网段的信息。

12.4　总结与思考

12.4.1　实习总结

路由器连接的是不同网段的设备可以实现不同网段的互通，三层交换机既具有二层交换的功能又具备三层路由的功能。

12.4.2　思考题

1．直连路由产生的条件是什么？
2．如果在进行线缆连接时端口连接错误、数据配置正常，在路由表中是否会产生直连路由？

12.4.3　练习题

1．为什么在进行设备互联时要将掩码设置为 30 位？
2．设备互联时如果两个接口的 IP 地址不在同一网段，是否会产生直连路由？

实习单元 13

静态路由

13.1 实习说明

13.1.1 实习目的

掌握静态路由的配置方法。

掌握默认路由的配置方法。

掌握浮动路由的配置方法。

了解静态路由、默认路由的特点。

13.1.2 实习任务

1. 在万绿市 B 站点机房使用静态路由实现与万绿市 A 站点、C 站点机房 IP 地址互通。

2. 在万绿市 B 站点机房使用默认路由实现与万绿市 A 站点、C 站点机房 IP 地址互通。

3. 浮动路由配置。

13.1.3 实习时长

2 学时

13.2 拓扑规划

实习任务拓扑规划如图 13-1、图 13-2 所示。

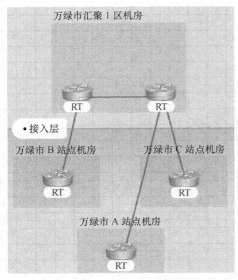

图 13-1

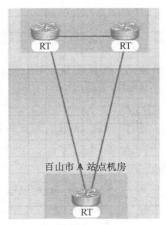

图 13-2

数据规划

实习任务数据规划如表 13-1、表 13-2 所示。

表 **13-1** 数据规划（一）

设备名称	本端端口及 IP 地址	对端端口
万绿 A 站点机房	GE-1/1：192.168.1.10/30	万绿市 1 区汇聚机房 RT-2 GE-7/1
万绿 B 站点机房	GE-1/1：192.168.1.1/30	万绿市 1 区汇聚机房 RT-1 GE-7/1
万绿 C 站点机房	GE-1/1：192.168.1.14/30	万绿市 1 区汇聚机房 RT-2 GE-7/2
万绿市 1 区汇聚机房 RT-1	GE-7/1:192.168.1.2/30 10GE-6/1:192.168.1.5/30	万绿市 B 站点机房 RT GE-1/1 万绿市 1 区汇聚机放 RT-2 10GE-6/1
万绿市 1 区汇聚机房 RT-2	10GE-6/1:192.168.1.6/30 GE-7/1:192.168.1.9/30 GE-7/2:192.168.1.13/30	万绿市 1 区汇聚机房 RT-1 10GE-6/1 万绿市 A 站点机房 RT GE-1/1 万绿市 C 站点机房 RT GE-1/1

表 **13-2** 数据规划（二）

设备名称	本端端口及 IP 地址	对端端口
百山市 A 站点机房 RT	GE-1/1:192.168.2.1/30 GE-1/2:192.168.2.5/30 Loopback1:1.1.1.1/32	百山市 1 区汇聚机房 RT-1 GE-7/1 百山市 1 区汇聚机房 RT-2 GE-7/1
百山市 1 区汇聚机房 RT-1	GE-7/1:192.168.2.2/30 10GE-6/1:192.168.2.9/30 Loopback1:2.2.2.2/32	百山市 A 站点机房 GE-1/1 百山市 1 区汇聚机房 RT-2 10GE-6/1
百山市 1 区汇聚机房 RT-2	GE-7/1:192.168.2.6/30 10GE-6/1:192.168.2.10/30 Loopback1:3.3.3.3/32	百山市 A 站点机房 GE-1/2 百山市 1 区汇聚机房 RT-1 10GE-6/1

13.3 实习步骤

13.3.1 实习任务一：完成静态路由配置

步骤 1：打开并登录软件，按照拓扑规划及数据规划在相应的机房进行设备的添加及线缆的连接。

步骤 2：单击界面上方业务调试页签，进入承载网业务调试界面，查看拓扑是否与图 13-3 中一致。

步骤 3：单击数据配置页签，进入万绿市B 站点机房，单击配置节点下路由器按钮，

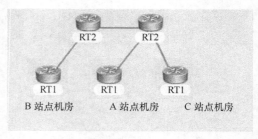

图   13-3

在命令导航中按照数据规划表进行物理接口 IP 地址的配置，配置结果如图 13-4 所示。

图   13-4

步骤 4：切换至万绿市承载 1 区汇聚机房，单击配置节点下路由器 1 按钮，在命令导航中按照数据规划表对路由器 1 物理接口进行相关 IP 地址的配置，操作步骤如图 13-5 所示。

图   13-5

步骤 5：单击配置节点下路由器 2 按钮，在命令导航中对路由器 2 物理接口，按照数据规划进行 IP 地址配置，操作结果如图 13-6 所示。

步骤 6：切换至万绿市 A 站点机房，如图 13-7 所示对 A 站点路由器物理接口进行数据配置。

图　13-6

图　13-7

步骤 7：切换至 C 站点机房，如图 13-8 所示对 C 站点路由器物理接口进行数据配置。

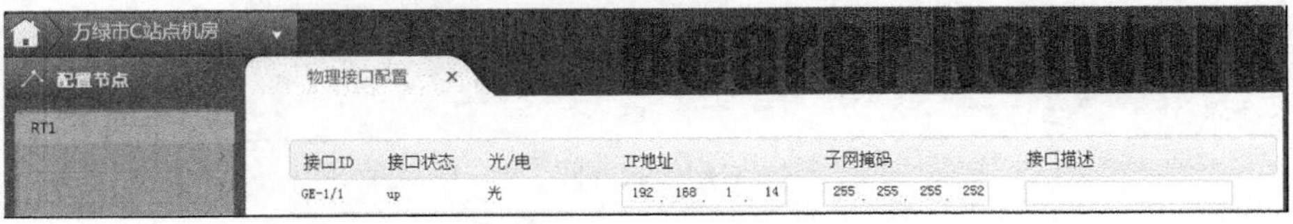

图　13-8

步骤 8：单击界面上方业务调试页签，进入承载网业务调试界面后单击状态查询，选中需查询的网元来进行路由表的查看，操作结果如图 13-9 所示（万绿市 B 站点）。

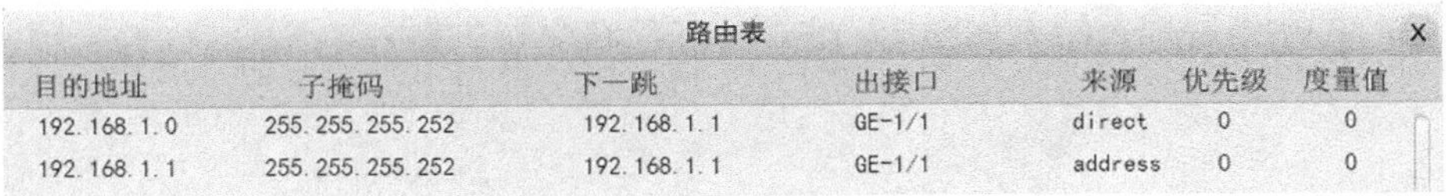

图　13-9

步骤 9：单击数据配置页签，进入万绿市 B 站点机房，单击配置节点下路由器 1 按钮后，在命令导航框中单击 静态路由配置 菜单项，进入静态路由配置界面（其中目的地址为待通信 IP 地址所在的网段地址，子网掩码为目的地址的掩码，下一跳地址为与该设备直接相连的路由器的接口 IP 地址），配置结果如图 13-10 所示。

步骤 10：单击业务调试页签下的状态查询查看路由表信息，查看结果如图 13-11 所示（万绿市 B 站点）。

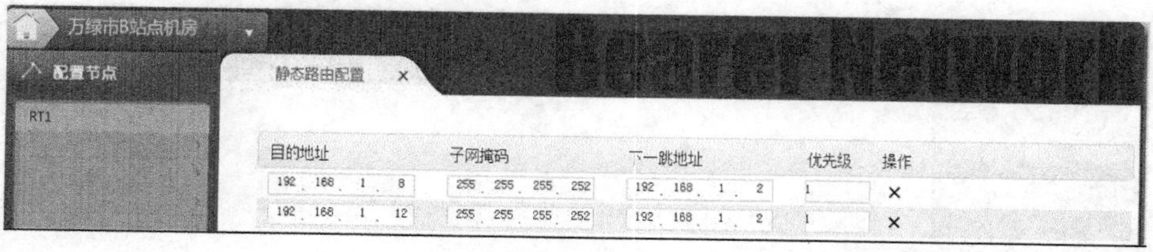

图 13-10

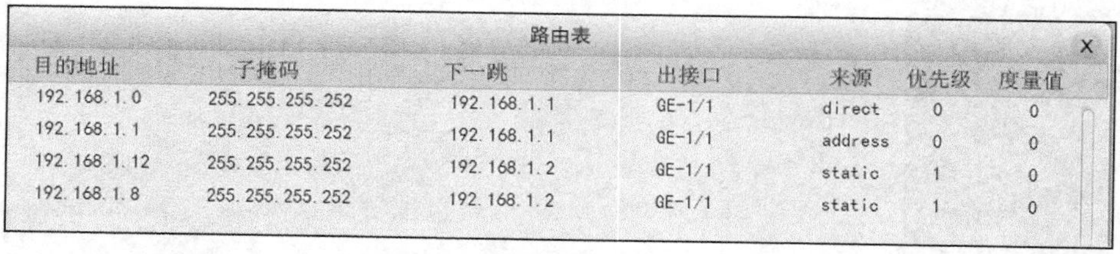

路由表

目的地址	子掩码	下一跳	出接口	来源	优先级	度量值
192.168.1.0	255.255.255.252	192.168.1.1	GE-1/1	direct	0	0
192.168.1.1	255.255.255.252	192.168.1.1	GE-1/1	address	0	0
192.168.1.12	255.255.255.252	192.168.1.2	GE-1/1	static	1	0
192.168.1.8	255.255.255.252	192.168.1.2	GE-1/1	static	1	0

图 13-11

步骤 11：切换至数据配置界面单击承载页签，切换至万绿市 1 区汇聚机房，选中配置节点下路由器 1 按钮，在命令导航中单击静态路由配置菜单，根据要求进行静态路由配置（根据路由器工作方式是基于下一跳的方式，因此在中途所经过的所有路由器都要查看是否有到达目的地的路由信息，如果没有则需按照要求进行手工添加），其操作结果如图 13-12 所示。

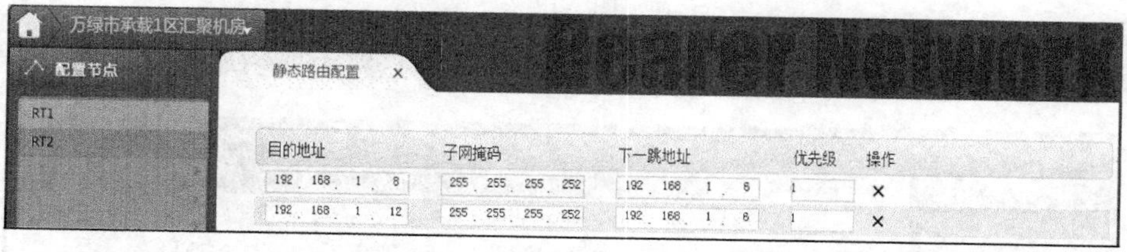

图 13-12

步骤 12：单击界面上方业务调试页签，进入承载网业务调试界面，单击右侧业务查询进行相关路由器路由表查询（根据静态路由配置时必须是双向的原则：能够从源到达目的地，也必须能够从目的地到达源。因此，需从目的节点出发查看路由表中是否有到达源节点的路由信息。如果没有则按照添加静态路由的方法逐个对路由器进行路由信息的添加），其操作过程及结果如图 13-13 所示（C 站点路由器）。

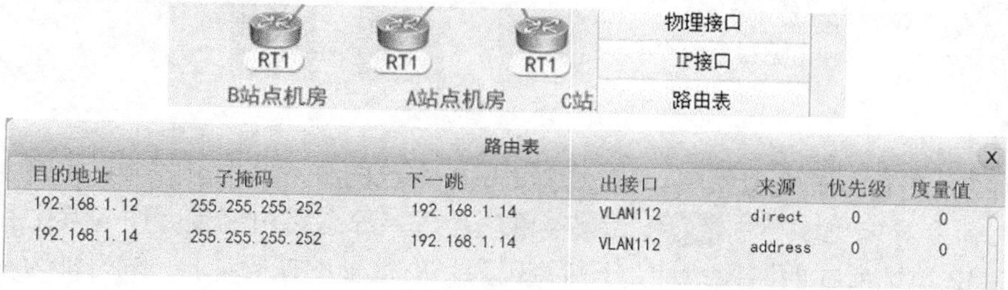

路由表

目的地址	子掩码	下一跳	出接口	来源	优先级	度量值
192.168.1.12	255.255.255.252	192.168.1.14	VLAN112	direct	0	0
192.168.1.14	255.255.255.252	192.168.1.14	VLAN112	address	0	0

图 13-13

步骤 13：单击界面上方数据配置页签，切换至万绿市 C 站点机房，单击配置节点下路由器 1 按钮，在命令导航中单击静态路由配置，如图 13-14 所示进行相关数据配置。

图　13-14

步骤 14：单击界面上方业务调试页签，进入承载网业务调试界面，单击右侧业务查询进行相关路由器路由表查询（万绿市 1 区汇聚机房路由器 2），操作如图 13-15 所示。

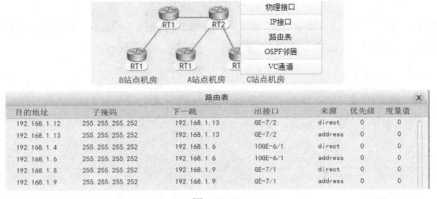

目的地址	子掩码	下一跳	出接口	来源	优先级	度量值
192.168.1.12	255.255.255.252	192.168.1.13	GE-7/2	direct	0	0
192.168.1.13	255.255.255.252	192.168.1.13	GE-7/2	address	0	0
192.168.1.4	255.255.255.252	192.168.1.6	10GE-6/1	direct	0	0
192.168.1.6	255.255.255.252	192.168.1.6	10GE-6/1	address	0	0
192.168.1.8	255.255.255.252	192.168.1.9	GE-7/1	direct	0	0
192.168.1.9	255.255.255.252	192.168.1.9	GE-7/1	address	0	0

图　13-15

步骤 15：单击界面上方数据配置页签，进入万绿市承载 1 区汇聚机房；单击配置节点下路由器 2 按钮，在命令导航中单击静态路由配置，根据要求进行相关数据配置。操作结果如图 13-16 所示。

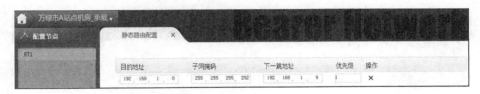

图　13-16

步骤 16：鼠标移至界面上方承载页签，选择万绿市 A 站点机房；单击配置节点下路由器 1 按钮，在命令导航中单击静态路由配置，根据要求进行相关数据配置。操作结果如图 13-17 所示。

图　13-17

步骤 17：单击业务调试页签后单击承载网业务调试下的 ping 命令，以 B 站点 IP 地址 192.168.1.1 为源、A 站点 IP192.168.1.10 为目的进行 ping 测试，测试结果如图 13-18 所示。

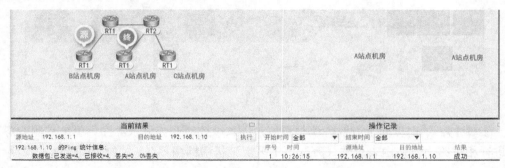

图　13-18

步骤 18：以 B 站点 IP 地址 192.168.1.1 为源，C 站点 IP 地址 192.168.1.14 为目的进行 ping 测试，测试结果如图 13-19 所示。

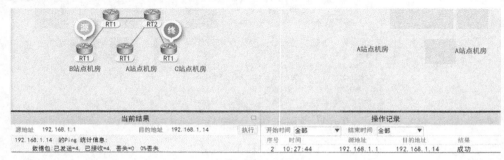

图　13-19

通过实习任务一可以看出如果在汇接 1 区 RT2 下再下挂几台路由器，要实现 B 站点路由器与之相互访问，则在汇接 1 区 RT1、B 站点 RT1 下就需要再增加静态路由，那么路由表中手工配置的路由条目就会非常多，有没有一种方法可以精简一下手工配置的静态路由？答案是可以采用默认路由。

13.3.2　实习任务二：完成默认路由配置

在任务一基础之上进行路由信息的变更，删除原有的路由条目，增加默认目的地为 0.0.0.0 掩码为 0.0.0.0 的路由条目，通过查看路由表需进行路由信息变更的路由器包含 B 站点路由器、汇聚 1 区 RT1 路由器。

步骤 1：首先进入 B 站点静态路由配置界面，单击操作下方的 ✖ 按钮，将原有路由信息删除，然后再增加新的默认路由，其操作结果如图 13-20 所示。

图　13-20

步骤 2：切换至万绿承载 1 区汇聚机房，单击路由器 1 按钮，在命令导航下静态路由配置界面，单击操作下方的 ✖ 按钮，删除原有路由信息后，增加新的默认路由，其操作结果如图 13-21 所示。

图   13-21

步骤 3：单击界面上方业务调试页签，进入承载网业务调试界面进行 ping 测试，操作结果如图 13-22、图 13-23 所示。

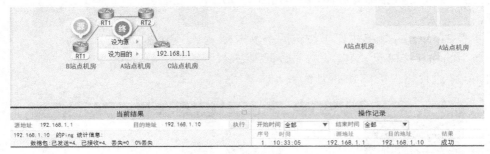

图   13-22

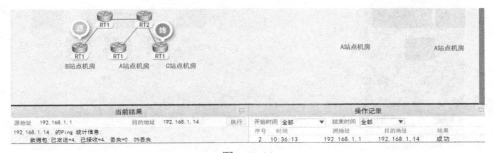

图   13-23

步骤 4：单击界面右侧状态查询菜单，进行相关路由器路由表查看，如图 13-24、图 13-25 所示。

路由表						X
目的地址	子掩码	下一跳	出接口	来源	优先级	度量值
0.0.0.0	0.0.0.0	192.168.1.2	GE-1/1	static	1	0
192.168.1.0	255.255.255.252	192.168.1.1	GE-1/1	direct	0	0
192.168.1.1	255.255.255.252	192.168.1.1	GE-1/1	address	0	0

图   13-24   （万绿 B 站点）

路由表						X
目的地址	子掩码	下一跳	出接口	来源	优先级	度量值
0.0.0.0	0.0.0.0	192.168.1.6	10GE-6/1	static	1	0
192.168.1.0	255.255.255.252	192.168.1.2	GE-7/1	direct	0	0
192.168.1.2	255.255.255.252	192.168.1.2	GE-7/1	address	0	0
192.168.1.4	255.255.255.252	192.168.1.5	10GE-6/1	direct	0	0
192.168.1.5	255.255.255.252	192.168.1.5	10GE-6/1	address	0	0

图   13-25   （万绿 1 区路由器 1）

13.3.3 实习任务三：完成浮动静态路由配置

步骤1：按照拓扑规划及数据规划表中的数据在软件中完成设备的添加和设备线缆的连接，操作完成后，在业务调试中查看相关拓扑信息如图13-26所示。

步骤2：单击数据配置页签，将鼠标放至左上角承载按钮处，在下拉列表中单击百山A站点机房，进入该站点数据配置界面，操作如图13-27所示。

步骤3：单击左侧路由器1按钮后，单击命令导航中的物理接口配置菜单，按照数据规划参照图13-28进行物理接口IP地址配置。

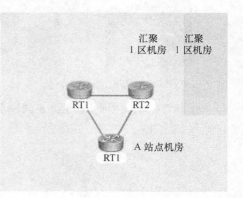

图 13-26

图 13-27

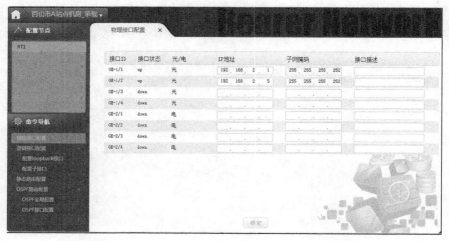

图 13-28

步骤 4：单击左侧命令导航中的逻辑接口配置下的配置 loopback 接口菜单进行 loopback 地址配置，操作结果如图 13-29 所示。

图　13-29

步骤 5：单击界面上方承载页签，切换至百山 1 区汇聚机房，操作过程见图 13-30、图 13-31。

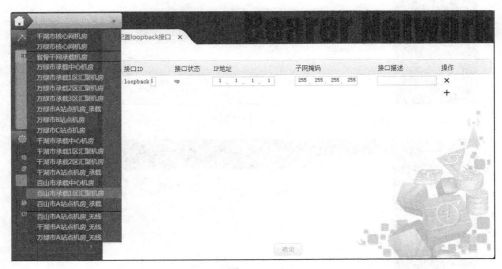

图　13-30

步骤 6：单击配置节点下路由器 1，在命令导航中单击物理接口配置，按照数据规划进行相关物理接口 IP 地址的配置，操作结果如图 13-32 所示。

步骤 7：单击命令导航中逻辑接口配置下的配置 loopback 接口选项，按照如图 13-33 所示进行 loopback 地址配置。

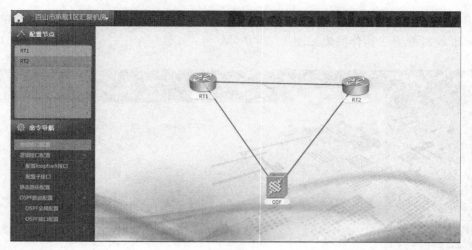

图 13-31

图 13-32

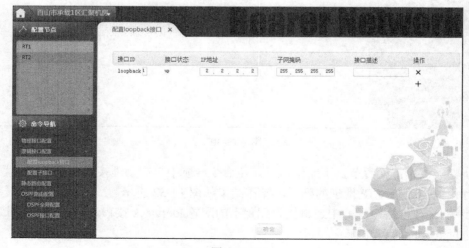

图 13-33

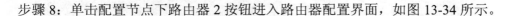

步骤 8：单击配置节点下路由器 2 按钮进入路由器配置界面，如图 13-34 所示。

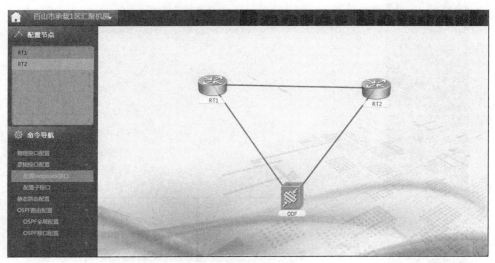

图　13-34

步骤 9：单击命令导航中物理接口配置，根据数据规划进行相关数据配置，操作结果如图 13-35 所示。

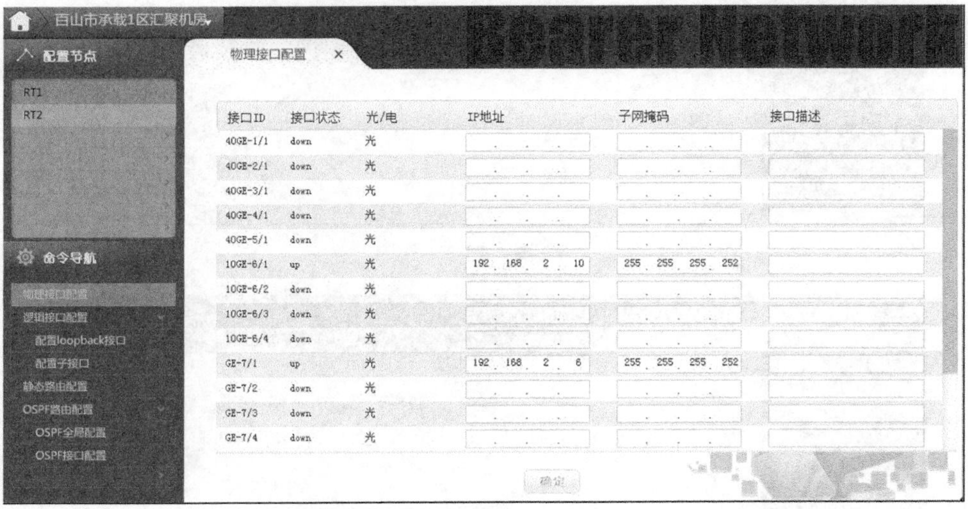

图　13-35

步骤 10：单击左侧命令导航中逻辑接口配置下的配置 loopback 接口菜单，根据数据规划进行相关数据的配置，操作结果如图 13-36 所示。

步骤 11：切换至百山市 A 站点机房，单击 A 站点路由器设备在命令导航中静态路由配置菜单进入静态路由配置界面，操作界面如图 13-37 所示。

步骤 12：单击右侧界面中 ＋ 按钮进行静态路由添加，操作结果如图 13-38 所示。

图　13-36

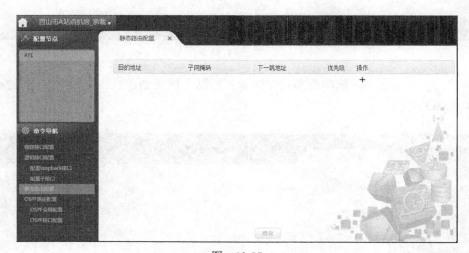

图　13-37

图　13-38

步骤 13：切换至百山市 1 区汇聚机房，单击路由器 1 按钮，在命令导航中单击静态路由配置，根据要求进行添加静态路由，操作结果如图 13-39 所示。

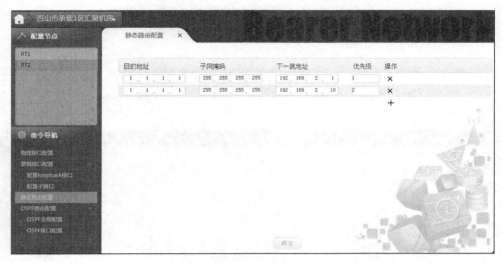

图   13-39

步骤 14：在百山市 1 区汇聚机房，单击路由器 2 按钮，在命令导航中单击静态路由配置，根据要求进行添加静态路由，操作结果如图 13-40 所示。

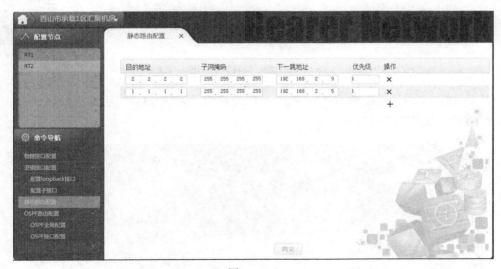

图   13-40

步骤 15：单击业务调试页签，进入业务调试界面后，单击承载页签后单击右侧 ping 按钮，进行 ping 测试，在进行 ping 测试时以 A 站点 loopback 地址 1.1.1.1 作为源，以 1 区汇聚机房 RT1 loopback 地址作为目的进行测试，其操作过程如图 13-41、图 13-42 所示。

步骤 16：单击界面下方当前结果中的执行按钮进行测试，测试结果如图 13-43 所示。

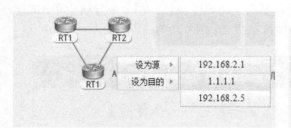

图 13-41

图 13-42

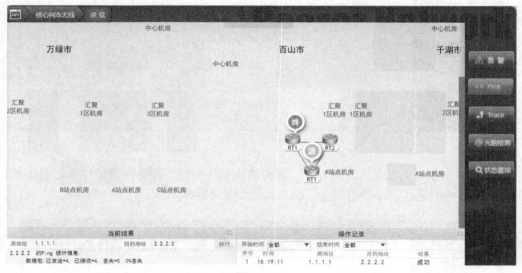

图 13-43

步骤 17：单击设备配置页签，进入 A 站点机房，将 A 站点机房路由器 1 槽位 1 端口尾纤拔掉，操作如图 13-44 所示。

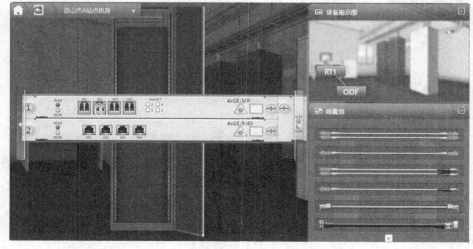

图 13-44

步骤 18：单击界面上方业务调试页签进入业务调试界面，参照上面的 ping 测试方法，再次进行 ping 测试，测试结果如图 13-45 所示。

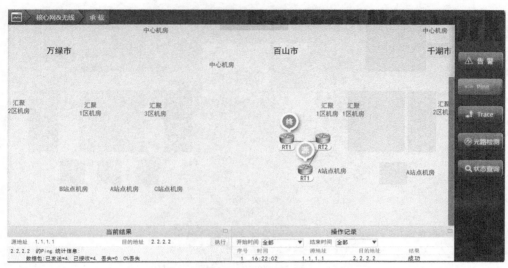

图　13-45

13.4　总结与思考

13.4.1　实习总结

静态路由是需要手工配置的路由，在配置时需注意静态路由的双向性，静态路由生效的条件是下一跳可达，IP 路由通信的过程即查找路由表的过程。

13.4.2　思考题

1. 静态路由的特点是什么，在配置静态路由时需注意哪些事项？
2. 什么时候可以使用默认路由？
3. 配置浮动路由时的关键点是什么？

13.4.3　练习题

按照如图 13-46 所示的拓扑完成相关 IP 地址的规划（每台设备都指定一个 loopback 地址），使用静态路由实现设备 loopback 地址之间的互通。

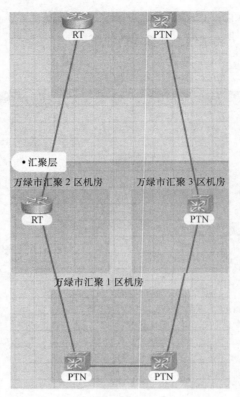

图 13-46

实习单元 14

OSPF 路由协议

14.1 实习说明

14.1.1 实习目的

了解 OSPF 邻居关系建立的过程。

了解 OSPF 路由学习的过程。

掌握 OSPF 动态路由协议的配置方法。

掌握 OSPF 动态路由协议路由引入的方法。

14.1.2 实习任务

1. 完成 OSPF 路由协议单区域配置。
2. 完成 OSPF 路由协议路由重分发配置（静态路由）。
3. 掌握 OSPF 路由协议默认路由通告方法。
4. 学会 OSPF 路由学习路径控制。

14.1.3 实习时长

4 学时

14.2 拓扑规划

实习任务拓扑规划如图 14-1～图 14-3 所示。

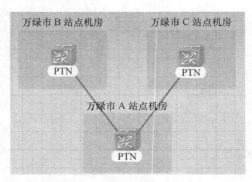

图 14-1　实习任务一拓扑

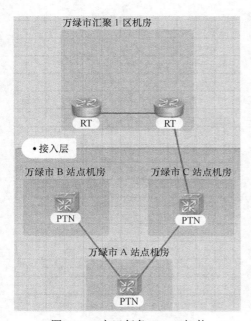

图 14-2　实习任务二、三拓扑

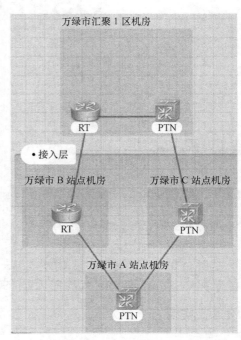

图 14-3　实习任务四拓扑

数据规划

OSPF 路由协议拓扑数据规划如表 14-1 所示。

表 14-1　OSPF 路由协议拓扑数据

设备名称	本端端口	IP 地址	对端设备	对端端口
万绿市 A 站点	GE-1/1	vlan10-20.1.1.1/30	万绿市 B 站点	GE-1/1
万绿市 A 站点	GE-1/2	vlan20-20.1.1.5/30	万绿市 C 站点	GE-1/1
万绿市 A 站点	Loopback1	11.11.11.11/32		
万绿市 B 站点	GE-1/1	vlan10-20.1.1.2/30	万绿市 A 站点	GE-1/1
万绿市 B 站点	GE-1/2	vlan50-20.1.1.13/30	万绿市 1 区路由器 1	GE-7/1
万绿市 B 站点	Loopback1	11.11.11.12/32		

续表

设备名称	本端端口	IP 地址	对端设备	对端端口
万绿市 C 站点	GE-1/1	vlan20-20.1.1.6/30	万绿市 A 站点	GE-1/2
万绿市 C 站点	GE-1/2	vlan40-20.1.1.18/30	万绿市 1 区路由器 2	GE-7/1
万绿市 C 站点	Loopback1	11.11.11.13/32		
万绿市 1 区路由器 1	10GE-6/1	20.1.1.9/30	万绿市 1 区路由器 2	10GE-6/1
万绿市 1 区路由器 1	Loopback2	11.11.11.14/32		
万绿市 1 区路由器 1	Loopback3	11.11.11.15/32		
万绿市 1 区路由器 1	GE-7/1	20.1.1.14	万绿市 B 站点	GE-1/2
万绿市 1 区路由器 2	GE-7/1	20.1.1.17/30	万绿市 C 站点	GE-1/2
万绿市 1 区路由器 2	10GE-6/1	20.1.1.10/30	万绿市 1 区路由器 1	10GE-6/1
万绿市 1 区路由器 2	Loopback1	11.11.11.16/32		

14.3　实习步骤

14.3.1　实习任务一：完成 OSPF 路由协议单区域配置

步骤 1：按照实习任务一拓扑在万绿市 A、B、C 站点机房进行设备的添加。

步骤 2：进入万绿市 A 站点机房，单击界面右侧设备指示图中的 PTN 按钮，在线缆池中选择成对 LC-FC 尾纤，将尾纤一端连接至 PTN 设备 1 槽位 1 端口，操作结果如图 14-4 所示。

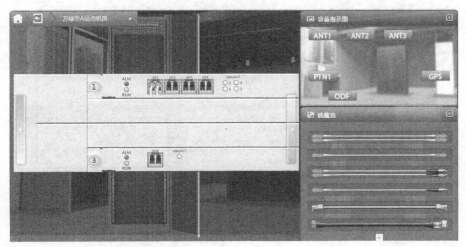

图　14-4

步骤 3：单击界面中 ODF 按钮，将尾纤另一端连接至如图 14-5 所示位置。

步骤 4：单击设备指示图中 PTN 按钮，选择线缆池中成对 LC-FC 光纤，将尾纤一端连接至 PTN 设备 1 槽位 2 端口，操作结果如图 14-6 所示。

步骤 5：单击 ODF 按钮，将尾纤另一端连接至如图 14-7 所示位置。

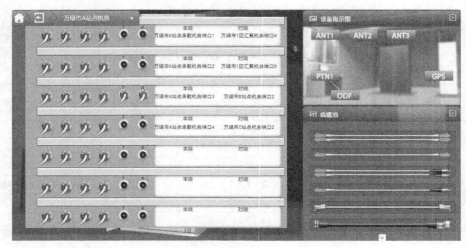

图 14-5

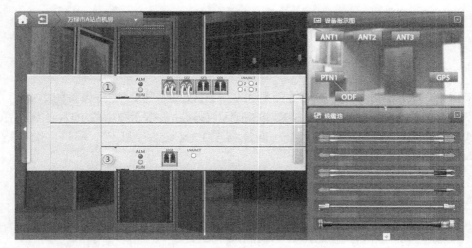

图 14-6

图 14-7

步骤 6：切换至万绿市 B 站点机房，单击界面右侧 PTN 按钮，在线缆池中选择成对 LC-FC 光纤，将尾纤一端连接至 PTN 设备 1 槽位 1 端口，操作结果如图 14-8 所示。

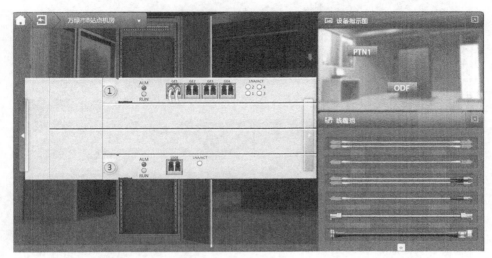

图　14-8

步骤 7：单击 ODF 按钮，将尾纤另外一端连接至如图 14-9 所示位置。

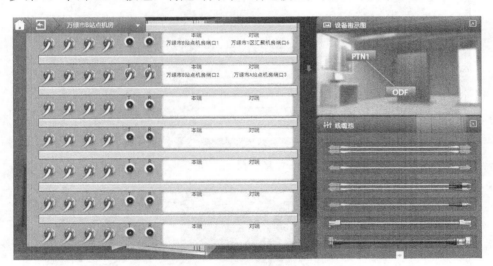

图　14-9

步骤 8：切换至 C 站点机房，单击设备指示图中 PTN 设备按钮，选择线缆池中成对 LC-FC 光纤，将尾纤一端连接至 PTN 设备 1 槽位 1 端口，操作结果如图 14-10 所示。

步骤 9：单击设备指示图中 ODF 按钮，将尾纤另外一端连接至如图 14-11 所示位置。

步骤 10：单击设备指示图中 PTN 按钮，选择成对 LC-FC 光纤，将尾纤一端连接至 PTN 设备 1 槽位 2 端口，操作结果如图 14-12 所示。

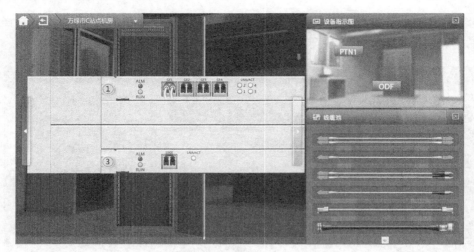

图　14-10

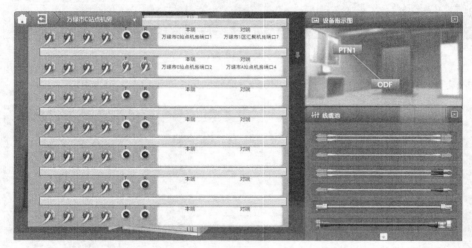

图　14-11

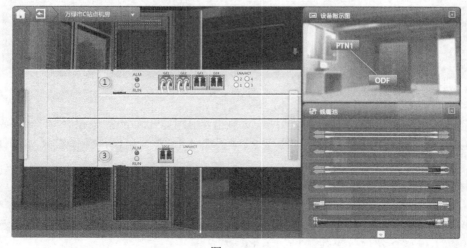

图　14-12

步骤 11：单击设备指示图中 ODF 按钮，将尾纤另一端连接至如图 14-13 所示位置。

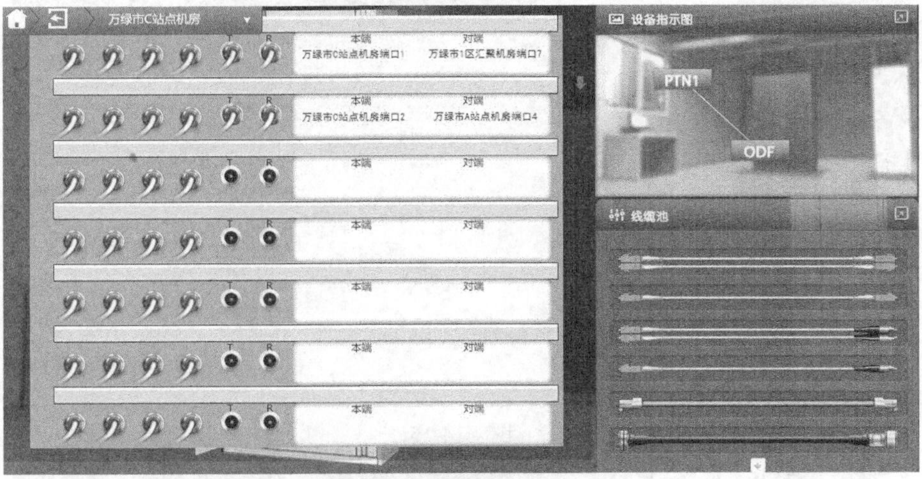

图　14-13

步骤 12：单击界面上方数据配置按钮后，将鼠标放至左上角承载菜单，选中万绿市 A 站点机房，进入数据配置界面，操作结果如图 14-14 所示。

图　14-14

步骤 13：单击配置节点中 PTN 按钮后在命令导航中单击物理配置接口，如图 14-15 所示进行相关数据配置。

步骤 14：单击命令导航框中逻辑接口配置菜单下的配置 loopback 接口，进行相关数据配置，如图 14-16 所示。

步骤 15：单击命令导航框中逻辑接口配置菜单下的配置 VLAN 三层接口，进行相关数据配置，操作结果如图 14-17 所示。

图　14-15

图　14-16

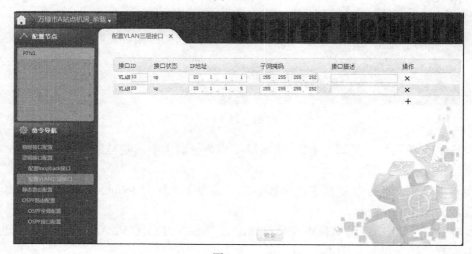

图　14-17

步骤 16：单击命令导航中 OSPF 路由配置菜单下的 OSPF 全局配置，按照数据规划参照图 14-18 进行相关数据配置。

图　14-18

步骤 17：单击命令导航中 OSPF 路由配置菜单下的 OSPF 接口配置，按照数据规划参照图 14-19 进行相关数据配置。

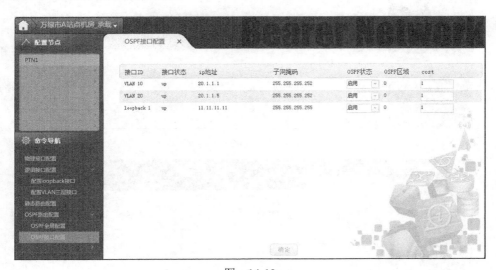

图　14-19

步骤 18：单击界面上方承载菜单下的万绿市 B 站点机房，进入 B 站点数据配置界面，操作结果如图 14-20 所示。

步骤 19：单击左侧 PTN 选项后在命令导航中单击物理接口配置，根据数据规划进行相关数据配置，操作结果如图 14-21 所示。

步骤 20：单击命令导航框中逻辑接口配置菜单下的配置 loopback 接口，根据数据规划参照图 14-22 进行相关数据配置。

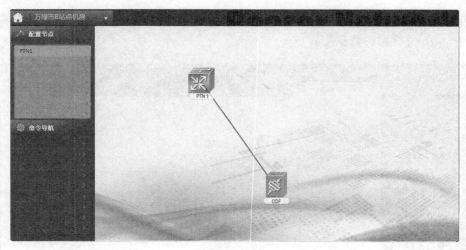

图　14-20

图　14-21

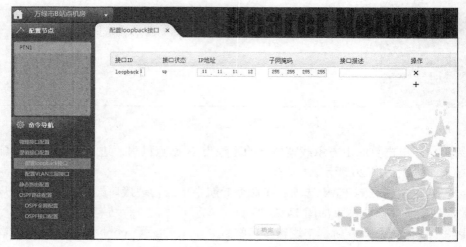

图　14-22

步骤 21：单击命令导航框中逻辑接口配置菜单下的配置 VLAN 三层接口，根据数据规划参照图 14-23 进行相关数据配置。

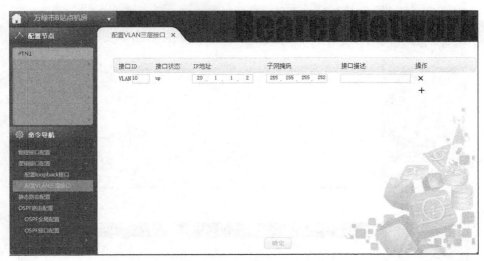

图　14-23

步骤 22：单击命令导航中 OSPF 路由配置菜单下的 OSPF 全局配置，按照数据规划参照图 14-24 进行相关数据配置。

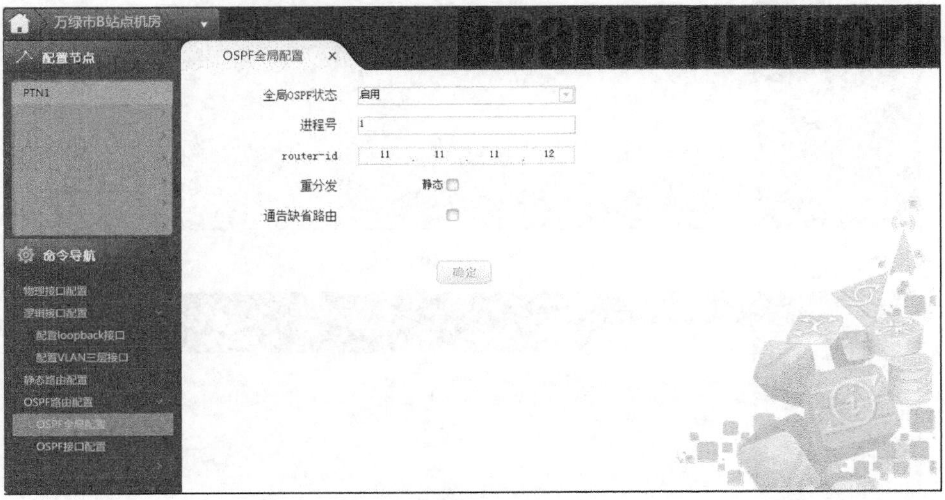

图　14-24

步骤 23：单击命令导航中 OSPF 路由配置菜单下的 OSPF 接口配置，按照数据规划参照图 14-25 进行相关数据配置。

步骤 24：单击界面上方承载菜单下的万绿市 C 站点机房，进入 C 站点数据配置界面，操作结果如图 14-26 所示。

步骤 25：单击左侧 PTN 选项后在命令导航中单击物理接口配置，根据数据规划进行相关数据配置，操作结果如图 14-27 所示。

图 14-25

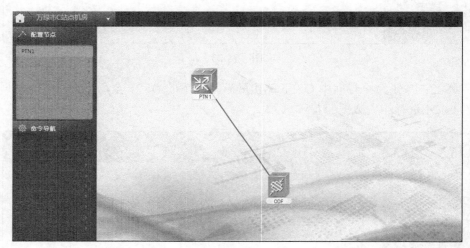

图 14-26

图 14-27

步骤 26：单击命令导航框中逻辑接口配置菜单下的配置 loopback 接口，根据数据规划参照图 14-28 进行相关数据配置。

图　14-28

步骤 27：单击命令导航框中逻辑接口配置菜单下的配置 VLAN 三层接口，根据数据规划参照图 14-29 进行相关数据配置。

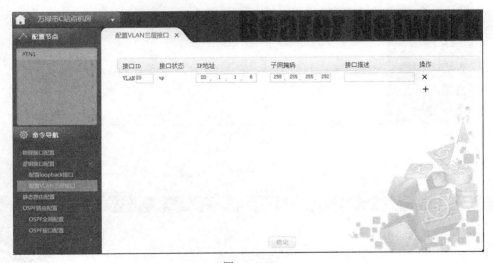

图　14-29

步骤 28：单击命令导航中 OSPF 路由配置菜单下的 OSPF 全局配置，按照数据规划参照图 14-30 进行相关数据配置。

步骤 29：单击命令导航中 OSPF 路由配置菜单下的 OSPF 接口配置，按照数据规划参照图 14-31 进行相关数据配置。

步骤 30：单击界面上方业务调试页签后，单击左上角承载页签进入承载网业务调试界面，操作界面如图 14-32 所示。

图　14-30

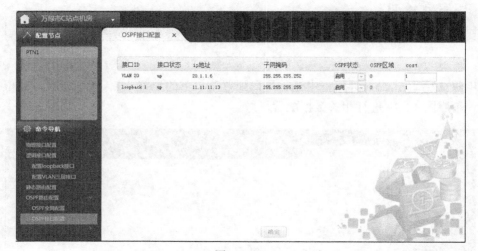

图　14-31

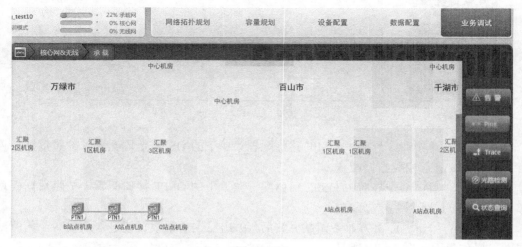

图　14-32

步骤 31：单击界面右侧状态查询选项后，将鼠标放至拓扑中 A 站点机房位置后弹出相关菜单项，如图 14-33 所示。

步骤 32：单击 OSPF 邻居选项，查看 A 站点设备邻居关系建立情况，如图 14-34 所示。

步骤 33：关闭 OSPF 邻居列表，将鼠标放至 A 站点位置在弹出菜单中选择路由表查看相关路由学习情况，操作结果如图 14-35 所示。

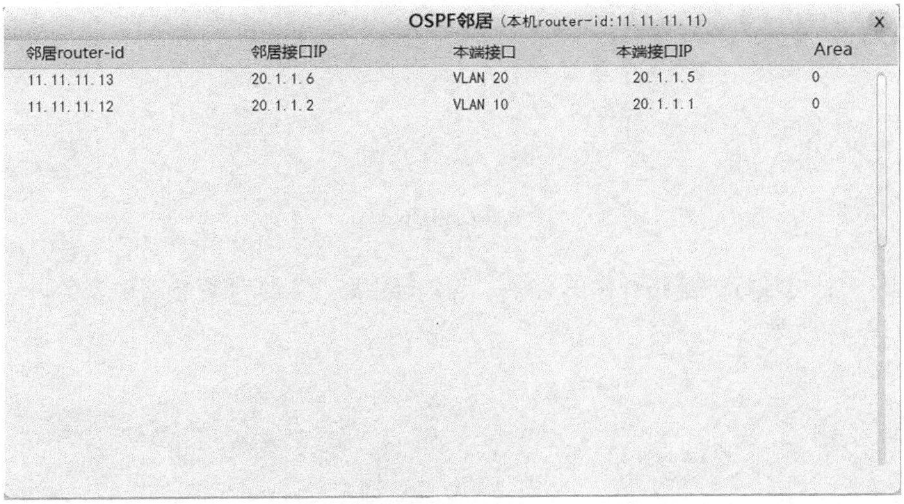

图　14-33

OSPF邻居 (本机router-id:11.11.11.11)				X
邻居router-id	邻居接口IP	本端接口	本端接口IP	Area
11.11.11.13	20.1.1.6	VLAN 20	20.1.1.5	0
11.11.11.12	20.1.1.2	VLAN 10	20.1.1.1	0

图　14-34

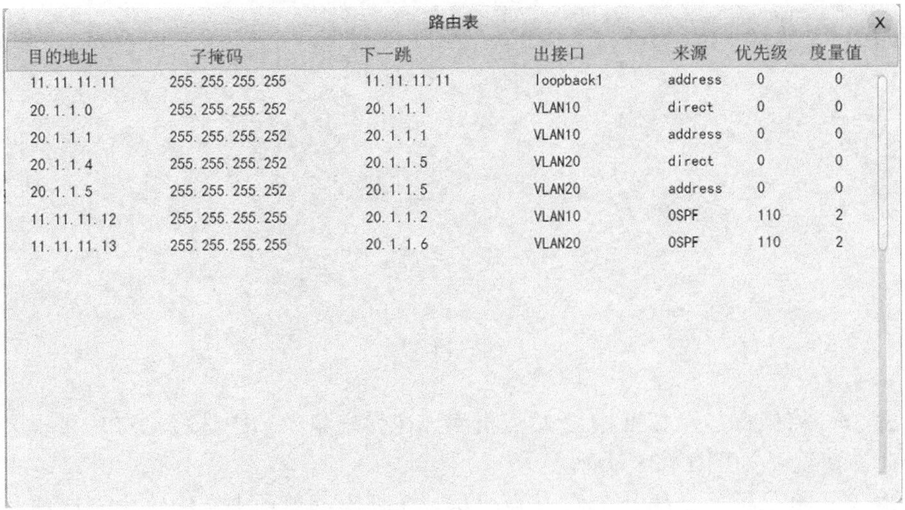

路由表						X
目的地址	子掩码	下一跳	出接口	来源	优先级	度量值
11.11.11.11	255.255.255.255	11.11.11.11	loopback1	address	0	0
20.1.1.0	255.255.255.252	20.1.1.1	VLAN10	direct	0	0
20.1.1.1	255.255.255.252	20.1.1.1	VLAN10	address	0	0
20.1.1.4	255.255.255.252	20.1.1.5	VLAN20	direct	0	0
20.1.1.5	255.255.255.252	20.1.1.5	VLAN20	address	0	0
11.11.11.12	255.255.255.255	20.1.1.2	VLAN10	OSPF	110	2
11.11.11.13	255.255.255.255	20.1.1.6	VLAN20	OSPF	110	2

图　14-35

步骤 34：将鼠标放至拓扑中 B 站点机房，选中 OSPF 邻居选项，查看邻居学习，操作结果如图 14-36 所示。

OSPF邻居 (本机router-id:11.11.11.12)				X
邻居router-id	邻居接口IP	本端接口	本端接口IP	Area
11.11.11.11	20.1.1.1	VLAN 10	20.1.1.2	0

图 14-36

步骤 35：将鼠标放至拓扑中 B 站点机房，选中路由表选项查看路由表学习，操作结果如图 14-37 所示。

路由表							X
目的地址	子掩码	下一跳	出接口	来源	优先级	度量值	
11.11.11.12	255.255.255.255	11.11.11.12	loopback1	address	0	0	
20.1.1.0	255.255.255.252	20.1.1.2	VLAN10	direct	0	0	
20.1.1.2	255.255.255.255	20.1.1.2	VLAN10	address	0	0	
11.11.11.11	255.255.255.255	20.1.1.1	VLAN10	OSPF	110	2	
11.11.11.13	255.255.255.255	20.1.1.1	VLAN10	OSPF	110	3	
20.1.1.4	255.255.255.252	20.1.1.1	VLAN10	OSPF	110	2	

图 14-37

步骤 36：将鼠标放至拓扑中 C 站点机房，在弹出菜单项中选择 OSPF 邻居选项，查看邻居建立情况，如图 14-38 所示。

步骤 37：将鼠标放至拓扑中 C 站点机房，在弹出菜单项中选中路由表选项，查看路由表学习情况，如图 14-39 所示。

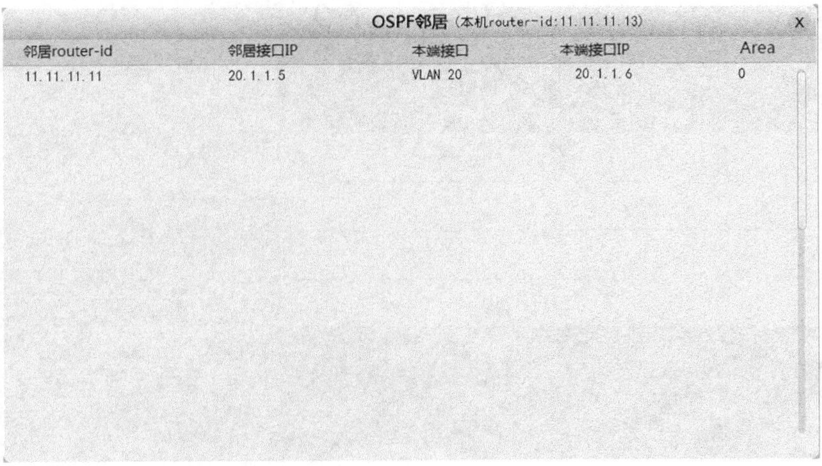

图　14-38

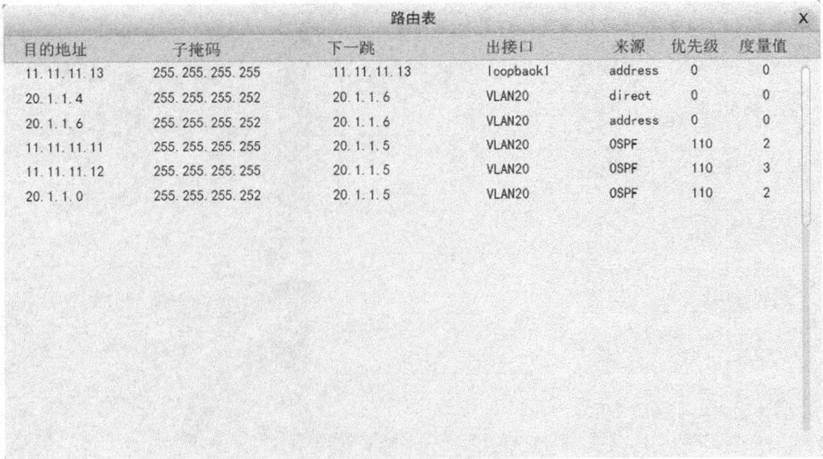

图　14-39

14.3.2　实习任务二：完成 OSPF 路由协议路由重分发配置（静态路由）

实习要求：万绿市 A、B、C 站点、万绿市 1 区汇聚机房路由器 1 启用 OSPF 协议，但与路由器 2 相连接口不启用 OSPF 协议，在 1 区汇聚机房配置静态路由，使万绿市 A、B、C 站点都能够学习到 1 区汇聚机房路由器 2 的 loopback 地址，并且使万绿市汇聚一区路由器 2 能够 ping 通其他设备的 loopback 地址。

步骤 1：在实习任务一基础之上，按照实习任务二、任务三拓扑，在万绿市 1 区汇聚机房添加相应设备。

步骤 2：进入万绿市 C 站点机房，单击设备指示图中 PTN 设备按钮，在线缆池中选择成对 LC-FC 光纤，将尾纤一端连接至 PTN 设备 1 槽位 2 端口，操作结果如图 14-40 所示。

步骤 3：单击 ODF 按钮，将尾纤另外一端连接至如图 14-41 所示位置。

步骤 4：进入万绿市 B 站点机房，单击设备指示图中 PTN 设备按钮，在线缆池中选择成对 LC-FC 光纤，将尾纤一端连接至 PTN 设备 1 槽位 2 端口，结果如图 14-42 所示。

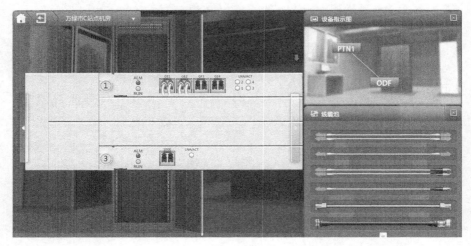

图 14-40

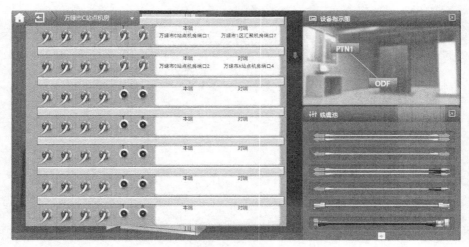

图 14-41

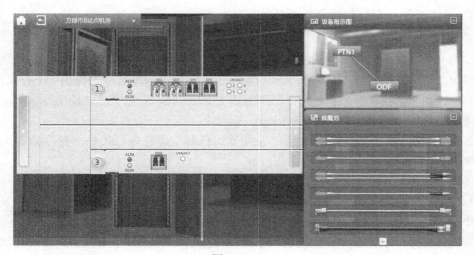

图 14-42

步骤 5：单击 ODF 按钮，将尾纤另一端连接至如图 14-43 所示位置。

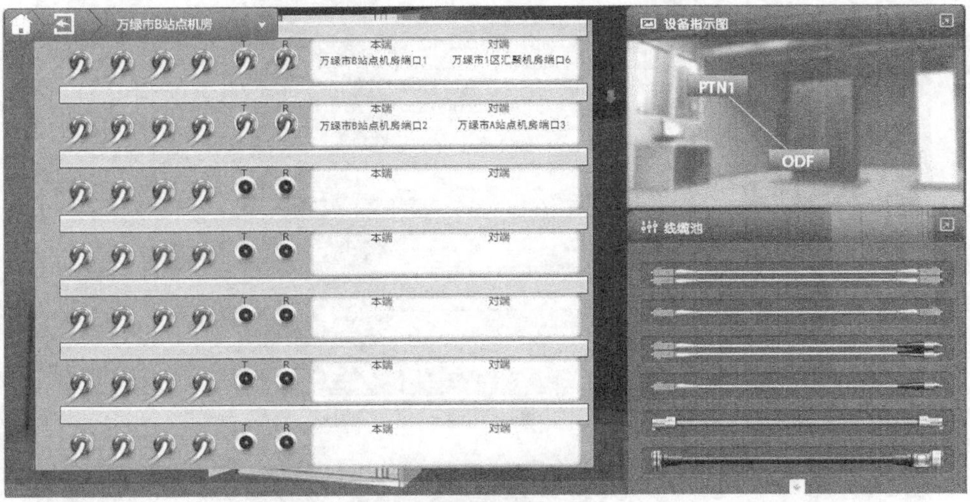

图　14-43

步骤 6：进入万绿市 1 区汇聚机房，单击设备指示图中 RT2 按钮，在线缆池中选择成对 LC-FC 光纤，将尾纤一端连接至路由器 7 槽位 1 端口，操作结果如图 14-44 所示。

图　14-44

步骤 7：单击设备指示图中 ODF 按钮，将尾纤另一端连接至如图 14-45 所示位置。

步骤 8：在设备指示图中单击 RT2 按钮，在线缆池中选择成对 LC-LC 光纤，将尾纤一端连接至路由器 6 槽位 1 端口，操作结果如图 14-46 所示。

步骤 9：单击设备指示图中 RT1 按钮，将尾纤另一端连接至 RT1 设备 6 槽位 1 端口，操作结果如图 14-47 所示。

图　14-45

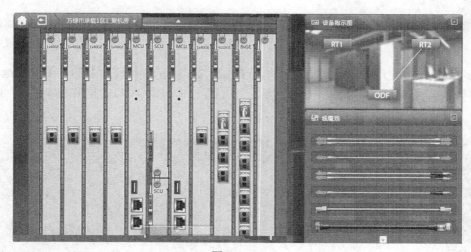

图　14-46

图　14-47

步骤 10：单击界面上方数据配置页签，将鼠标移至界面左上角承载菜单处显示下拉列表，选择万绿市 C 站点机房进入该机房数据配置界面，操作界面如图 14-48 所示。

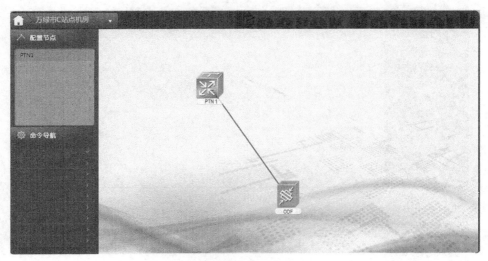

图 14-48

步骤 11：单击左侧配置节点下的 PTN1 选项后，在命令导航中选择物理接口配置，根据规划参照图 14-49 进行相关配置。

图 14-49

步骤 12：单击左侧命令导航中逻辑接口配置菜单下的配置 VLAN 三层接口，按照数据规划参照图 14-50 进行相关数据配置。

步骤 13：单击命令导航中 OSPF 路由配置菜单下的 OSPF 接口配置，将新增加的三层接口启用 OSPF，操作结果如图 14-51 所示。

步骤 14：切换至万绿市 1 区汇聚机房，单击左侧配置界面下的路由器 2 选项，在命令导航中选择物理接口配置项，按照数据规划参照图 14-52 进行相关数据配置。

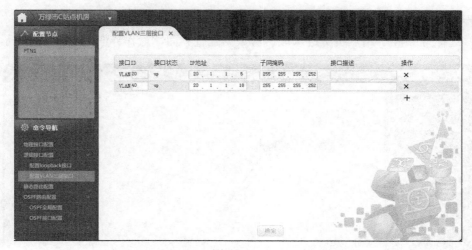

图　14-50

图　14-51

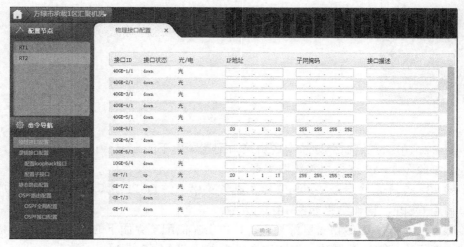

图　14-52

步骤 15：单击命令导航中逻辑接口配置选项下的配置 loopback 接口菜单，进行 loopback 地址配置，操作结果如图 14-53 所示。

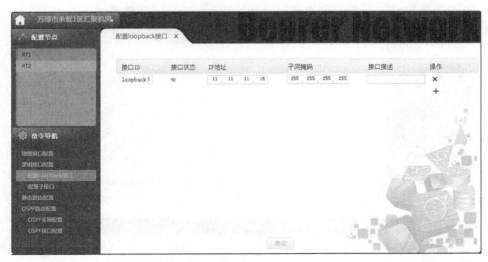

图　14-53

步骤 16：单击命令导航中 OSPF 路由配置菜单下的 OSPF 全局配置，进行相关数据配置，操作结果如图 14-54 所示。

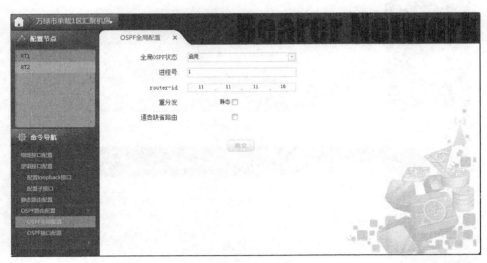

图　14-54

步骤 17：单击命令导航中 OSPF 路由配置选项下的 OSPF 接口配置菜单，进行相关数据配置，操作结果如图 14-55 所示。

步骤 18：单击配置节点下路由器 1 选项，进入路由器 1 相关配置界面，如图 14-56 所示。

步骤 19：单击命令导航中物理接口配置选项，参照图 14-57 进行相关物理接口配置。

图　14-55

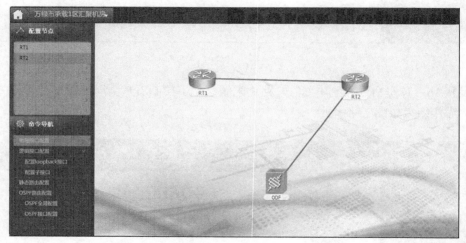

图　14-56

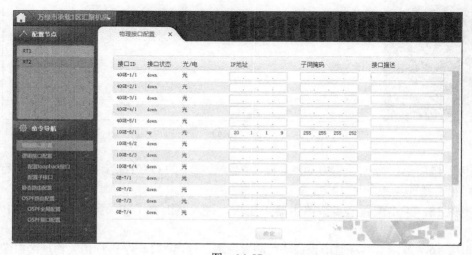

图　14-57

步骤 20：单击命令导航下逻辑接口配置选项下的配置 loopback 接口菜单，参照图 14-58 进行 loopback 接口配置。

图　14-58

步骤 21：单击配置界面下路由器 2 选项后，在命令导航中单击静态路由配置选项，按要求进行静态路由的配置，操作结果如图 14-59 所示。

图　14-59

步骤 22：单击命令导航下 OSPF 路由配置选项下 OSPF 全局配置菜单，进行静态路由的重发布，操作结果如图 14-60 所示。

步骤 23：单击配置界面下路由器 1 选项，在命令导航中单击静态路由配置，按照要求进行相关数据配置，操作结果如图 14-61 所示。

步骤 24：单击界面上方业务调试页签后，单击承载页签进入承载网业务调试界面，如图 14-62 所示。

图　14-60

图　14-61

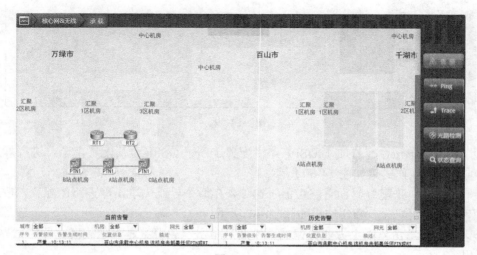

图　14-62

步骤 25：单击右侧状态查询选项后，将鼠标移至 B 站点机房，在弹出的列表中选择路由表，查看相关路由信息学习情况，操作结果如图 14-63 所示。

目的地址	子掩码	下一跳	出接口	来源	优先级	度量值
11.11.11.11	255.255.255.255	11.11.11.11	loopback1	address	0	0
20.1.1.0	255.255.255.252	20.1.1.1	VLAN10	direct	0	0
20.1.1.1	255.255.255.252	20.1.1.1	VLAN10	address	0	0
20.1.1.4	255.255.255.252	20.1.1.5	VLAN20	direct	0	0
20.1.1.5	255.255.255.252	20.1.1.5	VLAN20	address	0	0
11.11.11.12	255.255.255.255	20.1.1.2	VLAN10	OSPF	110	2
11.11.11.13	255.255.255.255	20.1.1.6	VLAN20	OSPF	110	2
11.11.11.16	255.255.255.255	20.1.1.6	VLAN20	OSPF	110	3
20.1.1.16	255.255.255.252	20.1.1.6	VLAN20	OSPF	110	2
11.11.11.14	255.255.255.255	20.1.1.6	VLAN20	OSPF	110	22
11.11.11.15	255.255.255.255	20.1.1.6	VLAN20	OSPF	110	22

图　14-63

步骤 26：关闭路由表显示窗口，将鼠标移至 A 站点机房，在弹出的列表中选择路由表，查看相关路由信息学习情况，操作结果如图 14-64 所示。

目的地址	子掩码	下一跳	出接口	来源	优先级	度量值
11.11.11.12	255.255.255.255	11.11.11.12	loopback1	address	0	0
20.1.1.0	255.255.255.252	20.1.1.2	VLAN10	direct	0	0
20.1.1.2	255.255.255.252	20.1.1.2	VLAN10	address	0	0
11.11.11.11	255.255.255.255	20.1.1.1	VLAN10	OSPF	110	2
11.11.11.13	255.255.255.255	20.1.1.1	VLAN10	OSPF	110	3
11.11.11.16	255.255.255.255	20.1.1.1	VLAN10	OSPF	110	4
20.1.1.16	255.255.255.252	20.1.1.1	VLAN10	OSPF	110	3
20.1.1.4	255.255.255.252	20.1.1.1	VLAN10	OSPF	110	2
11.11.11.14	255.255.255.255	20.1.1.1	VLAN10	OSPF	110	23
11.11.11.15	255.255.255.255	20.1.1.1	VLAN10	OSPF	110	23

图　14-64

步骤 27：关闭路由表显示窗口，将鼠标移至 C 站点机房，在弹出的列表中选择路由表，查看相关路由信息学习情况，操作结果如图 14-65 所示。

步骤 28：关闭路由表显示窗口，将鼠标移至 RT2 站点机房，在弹出的列表中选择路由表，查看相关路由信息学习情况，操作结果如图 14-66 所示。

步骤 29：关闭路由表显示窗口，将鼠标移至 RT1 站点机房，在弹出的列表中选择路由表，查看相关路由信息学习情况，操作结果如图 14-67 所示。

目的地址	子掩码	下一跳	出接口	来源	优先级	度量值
路由表						X
11.11.11.13	255.255.255.255	11.11.11.13	loopback1	address	0	0
20.1.1.16	255.255.255.252	20.1.1.18	VLAN40	direct	0	0
20.1.1.18	255.255.255.252	20.1.1.18	VLAN40	address	0	0
20.1.1.4	255.255.255.252	20.1.1.6	VLAN20	direct	0	0
20.1.1.6	255.255.255.252	20.1.1.6	VLAN20	address	0	0
11.11.11.11	255.255.255.255	20.1.1.5	VLAN20	OSPF	110	2
11.11.11.12	255.255.255.255	20.1.1.5	VLAN20	OSPF	110	3
11.11.11.16	255.255.255.255	20.1.1.17	VLAN40	OSPF	110	2
20.1.1.0	255.255.255.252	20.1.1.5	VLAN20	OSPF	110	2
11.11.11.14	255.255.255.255	20.1.1.17	VLAN40	OSPF	110	21
11.11.11.15	255.255.255.255	20.1.1.17	VLAN40	OSPF	110	21

图　14-65

目的地址	子掩码	下一跳	出接口	来源	优先级	度量值
路由表						X
11.11.11.14	255.255.255.255	20.1.1.9	10GE-6/1	static	1	0
11.11.11.15	255.255.255.255	20.1.1.9	10GE-6/1	static	1	0
11.11.11.16	255.255.255.255	11.11.11.16	loopback1	address	0	0
20.1.1.10	255.255.255.252	20.1.1.10	10GE-6/1	address	0	0
20.1.1.16	255.255.255.252	20.1.1.17	GE-7/1	direct	0	0
20.1.1.17	255.255.255.252	20.1.1.17	GE-7/1	address	0	0
20.1.1.8	255.255.255.252	20.1.1.10	10GE-6/1	direct	0	0
11.11.11.11	255.255.255.255	20.1.1.18	GE-7/1	OSPF	110	3
11.11.11.12	255.255.255.255	20.1.1.18	GE-7/1	OSPF	110	4
11.11.11.13	255.255.255.255	20.1.1.18	GE-7/1	OSPF	110	2
20.1.1.0	255.255.255.252	20.1.1.18	GE-7/1	OSPF	110	3
20.1.1.4	255.255.255.252	20.1.1.18	GE-7/1	OSPF	110	2

图　14-66

目的地址	子掩码	下一跳	出接口	来源	优先级	度量值
路由表						X
11.11.11.11	255.255.255.255	20.1.1.10	10GE-6/1	static	1	0
11.11.11.12	255.255.255.255	20.1.1.10	10GE-6/1	static	1	0
11.11.11.13	255.255.255.255	20.1.1.10	10GE-6/1	static	1	0
11.11.11.14	255.255.255.255	11.11.11.14	loopback1	address	0	0
11.11.11.15	255.255.255.255	11.11.11.15	loopback2	address	0	0
11.11.11.16	255.255.255.255	20.1.1.10	10GE-6/1	static	1	0
20.1.1.8	255.255.255.252	20.1.1.9	10GE-6/1	direct	0	0
20.1.1.9	255.255.255.252	20.1.1.9	10GE-6/1	address	0	0

图　14-67

步骤 30：单击右侧 ping 测试按钮，按照相关要求进行 ping 测试，在操作记录中查看测试结果，操作结果如图 14-68 所示。

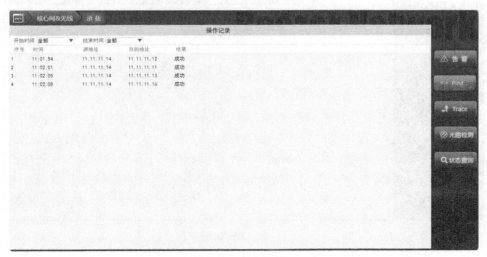

图　14-68

14.3.3　实习任务三：掌握 OSPF 路由协议默认路由方法

实习要求：在实习任务二基础之上将万绿市 1 区汇聚机房 RT1 上配置的静态路由改为默认路由，从而实现各设备 loopback 地址的相互学习。

步骤 1：单击界面上方数据配置页签后，将鼠标放至承载页签处，在下拉列表中选择万绿市 1 区汇聚机房，进入相应配置界面，操作界面如图 14-69 所示。

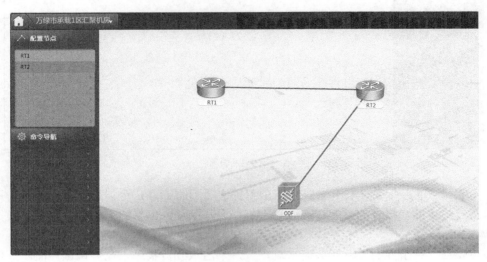

图　14-69

步骤 2：单击配置界面中路由器 2 选项，在命令导航中选择静态路由配置后，增加默认路由，操作结果如图 14-70 所示。

图 14-70

步骤 3：静态路由增加完毕后，单击操作下的 × 图标，删除原有静态路由，操作如图 14-71 所示。

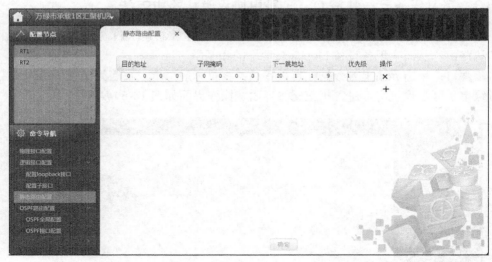

图 14-71

步骤 4：单击命令导航下 OSPF 路由配置选项下的 OSPF 全局配置菜单，单击重分发静态后的方框，将方框中的对钩取消，单击通告默认路由后的方框进行勾选，操作如图 14-72 所示。

步骤 5：单击界面上方业务调试页签后，单击承载页签进入业务调试界面，操作如图 14-73 所示。

步骤 6：单击右侧状态查询按钮，将鼠标移至 B 站点机房，在弹出的列表中选择路由表，查看相关路由信息学习情况，操作如图 14-74 所示。

图　14-72

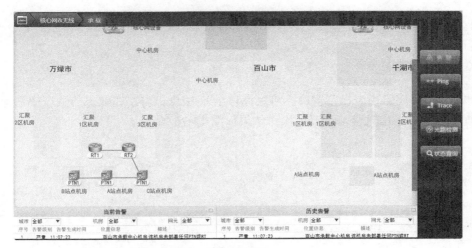

图　14-73

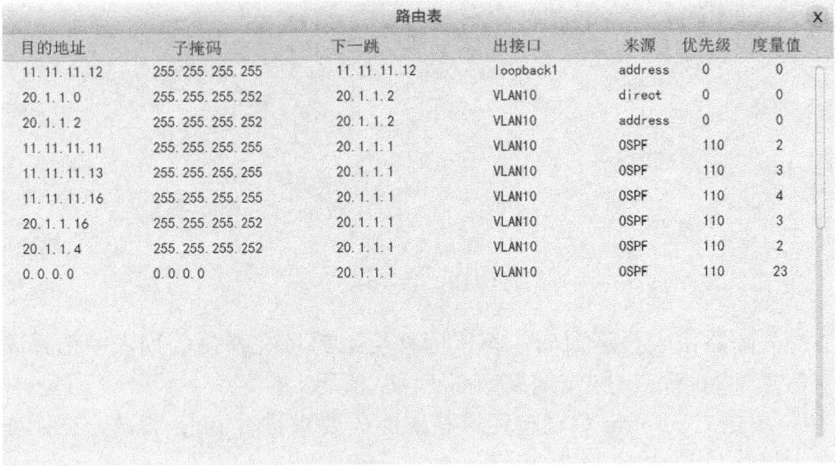

目的地址	子掩码	下一跳	出接口	来源	优先级	度量值
11.11.11.12	255.255.255.255	11.11.11.12	loopback1	address	0	0
20.1.1.0	255.255.255.252	20.1.1.2	VLAN10	direct	0	0
20.1.1.2	255.255.255.252	20.1.1.2	VLAN10	address	0	0
11.11.11.11	255.255.255.255	20.1.1.1	VLAN10	OSPF	110	2
11.11.11.13	255.255.255.255	20.1.1.1	VLAN10	OSPF	110	3
11.11.11.16	255.255.255.255	20.1.1.1	VLAN10	OSPF	110	4
20.1.1.16	255.255.255.252	20.1.1.1	VLAN10	OSPF	110	3
20.1.1.4	255.255.255.252	20.1.1.1	VLAN10	OSPF	110	2
0.0.0.0	0.0.0.0	20.1.1.1	VLAN10	OSPF	110	23

路由表

图　14-74

步骤 7：关闭路由表显示窗口，将鼠标移至 A 站点机房，在弹出的列表中选择路由表，查看相关路由信息学习情况，操作如图 14-75 所示。

目的地址	子掩码	下一跳	出接口	来源	优先级	度量值
11.11.11.11	255.255.255.255	11.11.11.11	loopback1	address	0	0
20.1.1.0	255.255.255.252	20.1.1.1	VLAN10	direct	0	0
20.1.1.1	255.255.255.252	20.1.1.1	VLAN10	address	0	0
20.1.1.4	255.255.255.252	20.1.1.5	VLAN20	direct	0	0
20.1.1.5	255.255.255.252	20.1.1.5	VLAN20	address	0	0
11.11.11.12	255.255.255.255	20.1.1.2	VLAN10	OSPF	110	2
11.11.11.13	255.255.255.255	20.1.1.6	VLAN20	OSPF	110	2
11.11.11.16	255.255.255.255	20.1.1.6	VLAN20	OSPF	110	3
20.1.1.16	255.255.255.252	20.1.1.6	VLAN20	OSPF	110	2
0.0.0.0	0.0.0.0	20.1.1.6	VLAN20	OSPF	110	22

图　14-75

步骤 8：关闭路由表显示窗口，将鼠标移至 C 站点机房，在弹出的列表中选择路由表，查看相关路由信息学习情况，操作结果如图 14-76 所示。

目的地址	子掩码	下一跳	出接口	来源	优先级	度量值
11.11.11.13	255.255.255.255	11.11.11.13	loopback1	address	0	0
20.1.1.16	255.255.255.252	20.1.1.18	VLAN40	direct	0	0
20.1.1.18	255.255.255.252	20.1.1.18	VLAN40	address	0	0
20.1.1.4	255.255.255.252	20.1.1.6	VLAN20	direct	0	0
20.1.1.6	255.255.255.252	20.1.1.6	VLAN20	address	0	0
11.11.11.11	255.255.255.255	20.1.1.5	VLAN20	OSPF	110	2
11.11.11.12	255.255.255.255	20.1.1.5	VLAN20	OSPF	110	3
11.11.11.16	255.255.255.255	20.1.1.17	VLAN40	OSPF	110	2
20.1.1.0	255.255.255.252	20.1.1.5	VLAN20	OSPF	110	2
0.0.0.0	0.0.0.0	20.1.1.17	VLAN40	OSPF	110	21

图　14-76

步骤 9：关闭路由表显示窗口，将鼠标移至 RT1，在弹出的列表中选择路由表，查看相关路由信息学习情况，操作结果如图 14-77 所示。

步骤 10：单击右侧 ping 测试按钮，按照相关要求进行 ping 测试，在操作记录中查看测试结果，操作结果如图 14-78 所示。

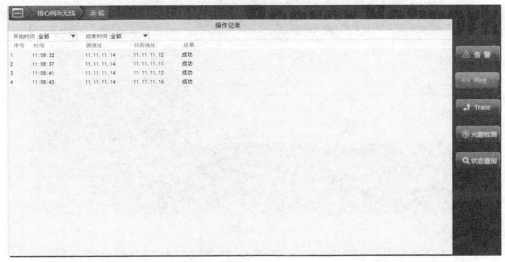

图 · 14-77

图   14-78

14.3.4   实习任务四：学会 OSPF 路由学习路径控制

任务要求：在实习任务三基础之上，将万绿市 B 站点与万绿 1 区汇聚机房 RT1 按照数据规划相连，并启用 OSPF 协议，改变 A 站点 PTN 设备 cost 值从而改变路由学习的路径。

步骤 1：单击界面上方设备配置按钮，进入承载网万绿市 B 站点机房，如图 14-79 所示。

步骤 2：单击设备指示图下 PTN1 按钮，在线缆池中选择成对 LC-FC 光纤，将尾纤一端连接至 PTN 设备 1 槽位 2 端口，操作结果如图 14-80 所示。

步骤 3：单击设备指示图中 ODF 按钮，将尾纤另一端连接至如图 14-81 所示位置。

图　14-79

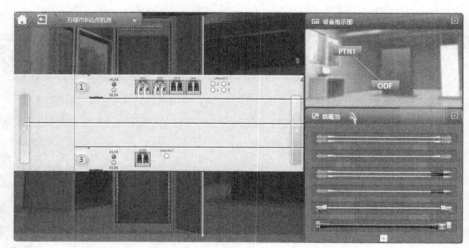

图　14-80

图　14-81

步骤 4：切换至万绿市 1 区汇聚机房，单击设备指示图中 RT1 设备按钮，选择成对 LC-FC 光纤，将尾纤一端连接至 RT1 设备 7 槽位 1 端口，操作结果如图 14-82 所示。

图　14-82

步骤 5：单击设备指示图中 ODF 按钮，将尾纤另一端连接至如图 14-83 所示位置。

图　14-83

步骤 6：单击界面上方数据配置页签后，将鼠标放至承载页签，选中万绿市 B 站点机房，进入 B 站点机房配置界面，操作界面如图 14-84 所示。

步骤 7：单击左侧 PTN 选项，在命令导航中单击物理接口配置，按照数据规划参照图 14-85 进行相关数据配置。

步骤 8：单击左侧命令导航中逻辑接口配置选项下的配置 VLAN 三层接口，按照数据规划参照图 14-86 进行相关数据配置。

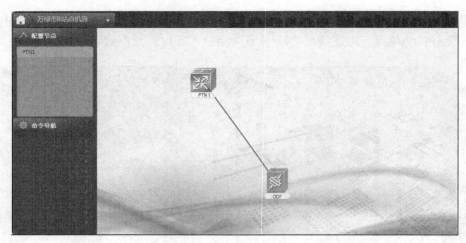

图　14-84

图　14-85

图　14-86

步骤 9：在命令导航中单击 OSPF 路由配置选项下的 OSPF 接口配置菜单，将新加接口启用 OSPF，操作结果如图 14-87 所示。

图　14-87

步骤 10：切换至万绿市 1 区机房，选中 RT1 后在命令导航中单击物理接口配置，按照数据规划参照图 14-88 进行相关数据配置。

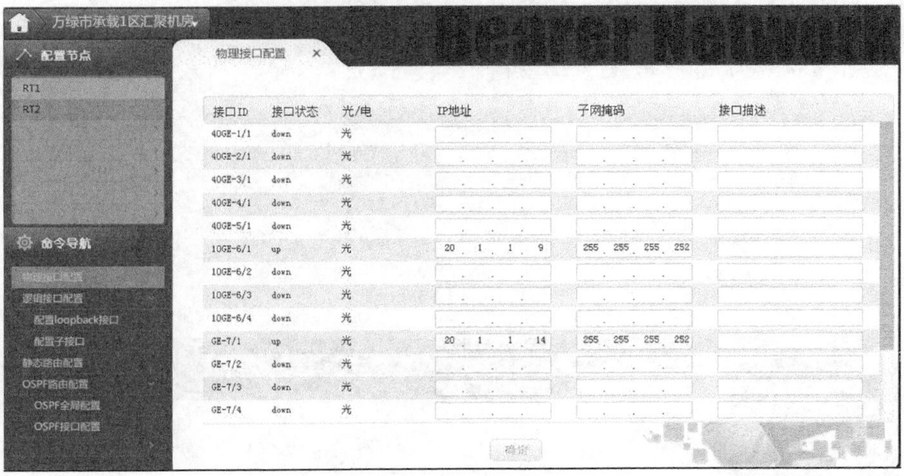

图　14-88

步骤 11：在命令导航中选择 OSPF 路由配置选项下的 OSPF 接口配置，将新接口启用 OSPF，操作结果如图 14-89 所示。

步骤 12：单击界面上方业务调试页签后，单击承载页签，进入业务调试界面。

步骤 13：单击右侧状态查询按钮，将鼠标移至万绿市 A 站点机房，在弹出的列表中选择路由表进行相关路由信息的查看，操作结果如图 14-90 所示。

步骤 14：单击数据配置页签，进入万绿市 A 站点机房后，在节点配置中选中 PTN 按钮，然后在命令导航中选择 OSPF 路由配置选项下的 OSPF 接口配置，将 VLAN10 后的 cost 值修改为 200，操作结果如图 14-91 所示。

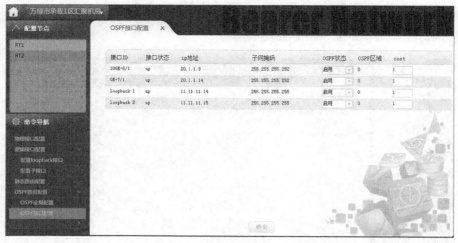

图 14-89

目的地址	子掩码	下一跳	出接口	来源	优先级	度量值
11.11.11.11	255.255.255.255	11.11.11.11	loopback1	address	0	0
20.1.1.0	255.255.255.252	20.1.1.1	VLAN10	direct	0	0
20.1.1.1	255.255.255.252	20.1.1.1	VLAN10	address	0	0
20.1.1.4	255.255.255.252	20.1.1.5	VLAN20	direct	0	0
20.1.1.5	255.255.255.252	20.1.1.5	VLAN20	address	0	0
11.11.11.12	255.255.255.255	20.1.1.2	VLAN10	OSPF	110	2
11.11.11.13	255.255.255.255	20.1.1.6	VLAN20	OSPF	110	2
11.11.11.14	255.255.255.255	20.1.1.2	VLAN10	OSPF	110	3
11.11.11.15	255.255.255.255	20.1.1.2	VLAN10	OSPF	110	3
11.11.11.16	255.255.255.255	20.1.1.6	VLAN20	OSPF	110	3
20.1.1.12	255.255.255.252	20.1.1.2	VLAN10	OSPF	110	2
20.1.1.16	255.255.255.252	20.1.1.6	VLAN20	OSPF	110	2
20.1.1.8	255.255.255.252	20.1.1.2	VLAN10	OSPF	110	3

图 14-90

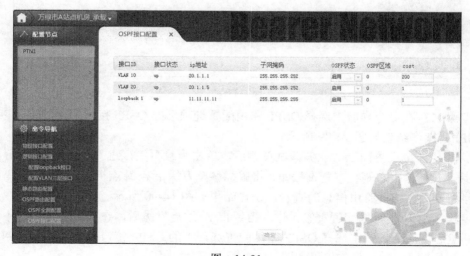

图 14-91

步骤 15：单击界面上方业务调试按钮后，单击业务查询按钮，将鼠标放至万绿市 A 站点设备处，在弹出菜单项中单击路由表，进行路由信息查看，操作结果如图 14-92 所示。

目的地址	子掩码	下一跳	出接口	来源	优先级	度量值
11. 11. 11. 11	255. 255. 255. 255	11. 11. 11. 11	loopback1	address	0	0
20. 1. 1. 0	255. 255. 255. 252	20. 1. 1. 1	VLAN10	direct	0	0
20. 1. 1. 1	255. 255. 255. 252	20. 1. 1. 1	VLAN10	address	0	0
20. 1. 1. 4	255. 255. 255. 252	20. 1. 1. 5	VLAN20	direct	0	0
20. 1. 1. 5	255. 255. 255. 252	20. 1. 1. 5	VLAN20	address	0	0
11. 11. 11. 12	255. 255. 255. 255	20. 1. 1. 6	VLAN20	OSPF	110	5
11. 11. 11. 13	255. 255. 255. 255	20. 1. 1. 6	VLAN20	OSPF	110	2
11. 11. 11. 14	255. 255. 255. 255	20. 1. 1. 6	VLAN20	OSPF	110	4
11. 11. 11. 15	255. 255. 255. 255	20. 1. 1. 6	VLAN20	OSPF	110	4
11. 11. 11. 16	255. 255. 255. 255	20. 1. 1. 6	VLAN20	OSPF	110	3
20. 1. 1. 8	255. 255. 255. 252	20. 1. 1. 6	VLAN20	OSPF	110	3
20. 1. 1. 12	255. 255. 255. 252	20. 1. 1. 6	VLAN20	OSPF	110	4
20. 1. 1. 16	255. 255. 255. 252	20. 1. 1. 6	VLAN20	OSPF	110	2

图　14-92

通过两次路由表信息查询，发现改变 ospf 接口的 cost 值后，路由学习的路径信息发生了变化（11.11.11.12、11.11.11.14 等）。

14.4　总结与思考

14.4.1　实习总结

OSPF 动态路由、协议路由是否可以相互学习的前提条件在于邻居关系是否建立，邻居关系建立后会相互交换各自的路由信息，在 OSPF 协议中所有路由器共同维护同一张路由表，不通的路由协议之间进行学习可以通过路由引入的方法，在 OSPF 中可以通过修改 cost 值来控制路由传递的路径。

14.4.2　思考题

1. OSPF 动态路由协议中 router-id 是如何选取的？
2. OSPF 协议的路由表是如何产生的？

14.4.3　练习题

1. OSPF 中 cost 值有什么作用？
2. OSPF 中如果全局 OSPF 未使用，OSPF 邻居学习是否会正常？

第三部分　综合组网实践及
故障排查

实习单元 15

综合实验

15.1 实习说明

15.1.1 实习目的

熟悉软件整体配置流程。

掌握软件中 IP 承载网与 OTN 设备对接方法。

掌握承载网与核心网对接的配置步骤。

15.1.2 实习任务

1. 按照拓扑图完成承载网中设备的添加与线缆的连接。
2. 按照数据规划完成 IP 承载网与 OTN 设备的数据配置。
3. 完成承载网与核心网对接数据配置。

15.1.3 实习时长

4 学时

15.2 拓扑规划

实习任务拓扑规划如图 15-1 和图 15-2 所示。

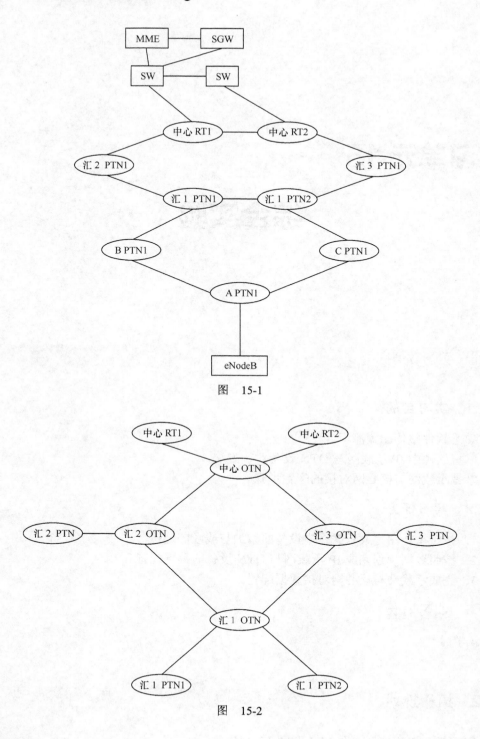

图 15-1

图 15-2

数据规划

实习任务数据规划如图 15-3、图 15-4 和表 15-1、表 15-2 所示。

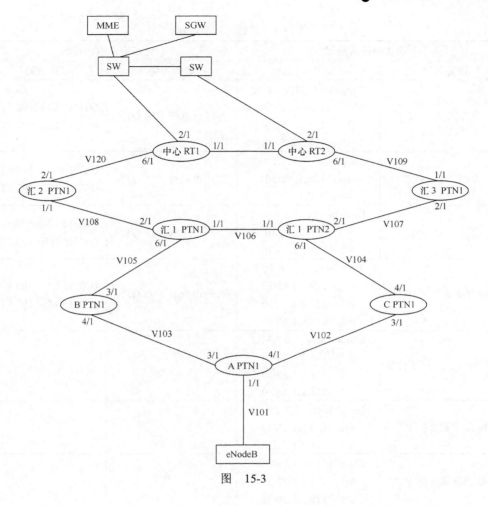

图   15-3

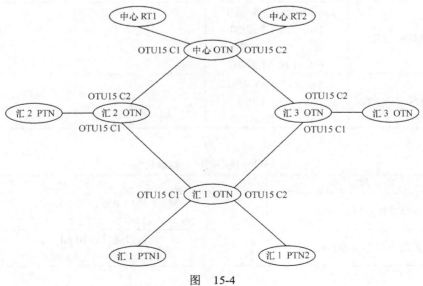

图   15-4

表 15-1   承载网数据规划

IP 承载网数据规划		光传输网数据规划	
设备名称	端口及 IP 地址	设备名称	端口频率
万绿市 A 站点	Loopback1：1.1.1.1/32 1/1：10.10.10.20/24 3/1：128.1.1.1/30 4/1：128.1.1.5/30	万绿市承载 1 区 OTN	OTU15 L1：192.1THz OTU15 L2：192.1THz
万绿市 B 站点	Loopback1：2.2.2.2/32 4/1：128.1.1.2/30 3/1：128.1.1.9/30	万绿市承载 2 区 OTN	OTU15 L1：192.1THz OTU15 L2：192.1THz
万绿市 C 站点	Loopback1：3.3.3.3/32 3/1：128.1.1.6/30 4/1：128.1.1.13/30	万绿市承载 3 区 OTN	OTU15 L1：192.1THz OTU15 L2：192.1THz
万绿市承载 1 区 PTN1	Loopback：4.4.4.4/32 1/1：128.1.1.49/30 2/1：128.1.1.17/30 6/1：128.1.1.10/30	万绿市承载中心 OTN	OTU15 L1：192.1THz OTU15 L2：192.1THz
万绿市承载 1 区 PTN2	Loopback1：5.5.5.5/32 1/1：128.1.1.50/30 2/1：128.1.1.25/30 6/1：128.1.1.14/30		
万绿市承载 2 区 PTN	Loopback1：7.7.7.7/32 1/1：128.1.1.18/30 2/1：128.1.1.21/30		
万绿市承载 3 区 PTN	Loopback1：6.6.6.6/32 1/1：128.1.1.29/30 2/1：128.1.1.26/30		
万绿市承载中心 RT1	Loopback1：8.8.8.8/32 1/1：128.1.1.33/30 2/1：10.1.1.10/26 6/1：128.1.1.22/30		
万绿市承载中心 RT2	Loopback1：9.9.9.9/32 1/1：128.1.1.34/30 6/1：128.1.1.30/30		

表 15-2   核心网相关数据规划

设备名称	设备接口及 IP 地址
万绿市核心网 MME	MME 接口地址：10.1.1.1/26 S1-C 地址：121.1.1.1/32
万绿市核心网 SGW	SGW 接口地址：10.1.1.3/26 S1-U 地址：3.3.3.1/32

15.3   实习步骤

15.3.1   实习任务一：完成设备添加及线缆连接

步骤 1：参照设备添加操作将万绿市所有承载网机房按照拓扑规划进行设备的添加。

步骤 2：进入万绿市 A 站点机房后，在设备指示图中单击 PTN 设备按钮，进入 PTN 设备面板图，使用成对 LC-LC 尾纤，单击面板图 1 槽位 1 端口，操作结果如图 15-5 所示。

图   15-5

步骤 3：单击设备指示图中 BBU 设备按钮进入 BBU 设备面板图，单击图 15-6 指示位置，完成 A 站点 PTN 设备与 BBU 之间的连线。

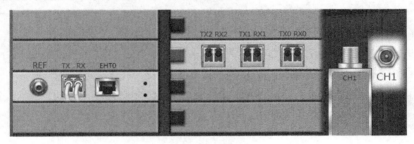

图   15-6

步骤 4：单击设备指示图中 PTN 设备按钮，使用成对 LC-FC 尾纤，一端连接至 PTN 设备 3 槽位 1 端口，操作结果如图 15-7 所示。

图   15-7

步骤 5：单击设备指示图中 ODF 按钮，进入 ODF 框将尾纤另一端连接至图 15-8 所示位置，完成 A 站点到 B 站点 ODF 连线。

图   15-8

步骤 6：单击设备指示图中 PTN 设备按钮，使用成对 LC-FC 尾纤，一端连接至 PTN 设备 4 槽位 1 端口，操作结果如图 15-9 所示。

图 15-9

步骤 7：单击设备指示图中 ODF 按钮，进入 ODF 框，将尾纤另一端连接至图 15-10 所示位置，完成 A 站点到 C 站点 ODF 的连线。

图 15-10

步骤 8：单击左上角显示机房名称处，选中万绿市 B 站点机房切换至万绿市 B 站点，单击设备指示图中 PTN 设备按钮，使用成对 LC-FC 尾纤，一端连接至 PTN 设备 4 槽位 1 端口，操作结果如图 15-11 所示。

图 15-11

步骤 9：单击设备指示图中 ODF 按钮，将尾纤另一端连接至图 15-12 所示位置，完成 B 站点到 A 站点 ODF 的连线。

图 15-12

步骤 10：单击设备指示图中 PTN 设备按钮，使用成对 LC-FC 尾纤，一端连接至 PTN 设备 3 槽位 1 端口，操作结果如图 15-13 所示。

图 15-13

步骤 11：单击设备指示图中 ODF 按钮，将尾纤另一端连接至图 15-14 所示位置，完成 B 站点到万绿 1 区汇聚机房 PTN-1 ODF 的连线，操作结果如图 15-14 所示。

图 15-14

步骤 12：将机房切换至 C 站点，单击设备指示图中 PTN 设备按钮，使用成对 LC-FC 尾纤，将其一端连接至 PTN 设备 3 槽位 1 端口，操作结果如图 15-15 所示。

图　15-15

步骤 13：单击设备指示图中 ODF 按钮，将尾纤另一端连接至如图 15-16 所示位置，完成 C 站点机房到 A 站点机房 ODF 的连线。

图　15-16

步骤 14：单击设备指示图中 PTN 设备按钮，使用成对 LC-FC 尾纤，将其一端连接至 PTN 设备 4 槽位 1 端口，操作结果如图 15-17 所示。

图　15-17

步骤 15：单击设备指示图中 ODF 按钮，将尾纤另一端连接至图 15-18 所示位置，完成 C 站点机房到万绿 1 区汇聚机房 PTN-2 设备 ODF 的连线。

图　15-18

步骤 16：切换至万绿市 1 区汇聚机房，单击设备指示图中 PTN-1 设备按钮，使用成对 LC-LC 尾纤，将其一端连接至 PTN-1 设备 1 槽位 1 端口，操作结果如图 15-19 所示。

步骤 17：单击设备指示图中 PTN-2 设备按钮，将尾纤另一端连接至 PTN-2 设备 1 槽位 1 端口，完成 PTN-1 与 PTN-2 设备之间的连线，操作结果如图 15-20 所示。

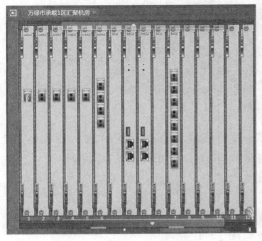

图　15-19

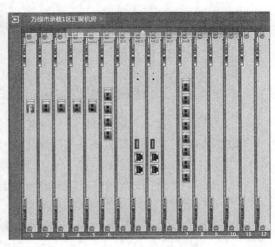

图　15-20

步骤 18：单击设备指示图中 PTN-1 设备按钮，使用成对 LC-FC 尾纤，将其一端连接至 PTN-1 设备 6 槽位 1 端口，操作结果如图 15-21 所示。

步骤 19：单击设备指示图中 ODF 按钮，将尾纤另一端连接至图 15-22 所示位置，完成万绿 1 区汇聚机房 PTN-1 到 B 站点 ODF 的连线。

步骤 20：单击设备指示图中 PTN-1 设备按钮，完成 PTN-1 设备到 OTN 设备的连线，在右边线缆池中选择成对 LC-LC 光纤，将光纤连接到 PTN1_2_1x40GE_1，如图 15-23 所示。

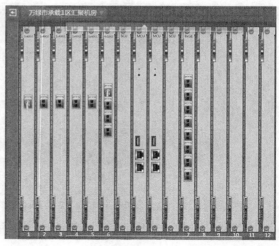

图　15-21

图　15-22

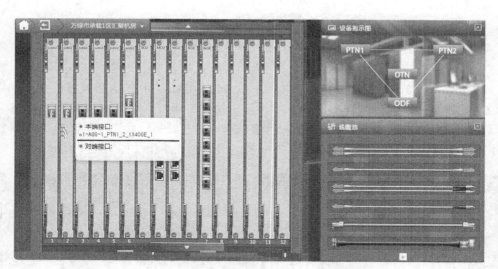

图　15-23

步骤 21：在右上方设备指示图中选择 OTN 设备按钮，进入 OTN 内部，下拉至第 2 机框，将光纤另一端连接在 OTN_15_0TU40G_C1T/C1R，操作如图 15-24 所示。

步骤 22：在右边线缆池中重新选取一根 LC-LC 光纤，一端连接在 OTN_15_OTU40G_L1T，另一端连接在 OTN_12_OMU10C_CH1，操作如图 15-25 所示。

步骤 23：在右边线缆池中重新选取一根 LC-LC 光纤，一端连接在 OTN_12_OMU10C_OUT，另一端连接在 OTN_11_OBA_IN，操作如图 15-26 所示。

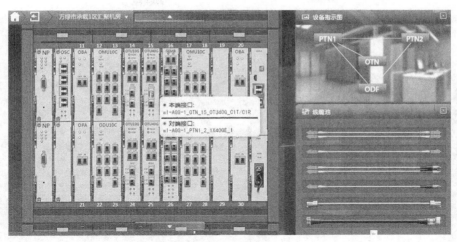

图 15-24

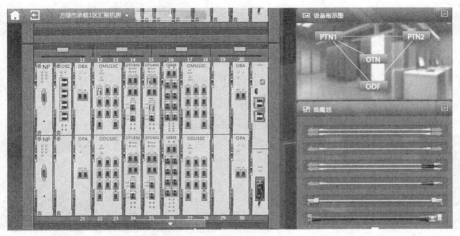

图 15-25

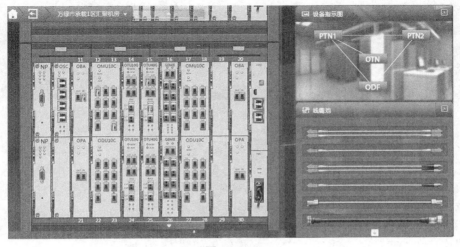

图 15-26

步骤 24：在右边线缆池中重新选取一根 LC-FC 光纤，一端连接在 OTN_11_OBA_OUT，如图 15-27 所示。

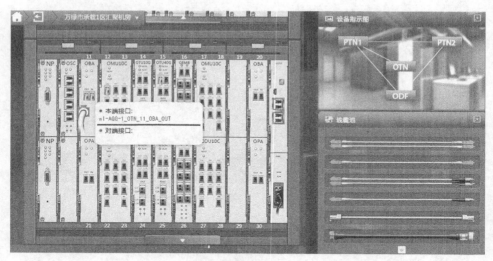

图 15-27

步骤 25：然后在设备指示图中单击 ODF 按钮，将光纤的另一端连在 ODF_2T，操作结果如图 15-28 所示。

图 15-28

步骤 26：在线缆池中重新选取一根 LC-FC 光纤，一端连接到 ODF_2R，如图 15-29 所示。

步骤 27：在设备指示图中单击 OTN 设备按钮，鼠标移动至第 2 机框，点光纤另一端连接在 OTN_21_OPA_IN，操作结果如图 15-30 所示。

步骤 28：在线缆池中重新选取一根 LC-LC 光纤，一端连接在 OTN_21_OPA_OUT，另一端连接在 OTN_22_ODU10C_IN，操作结果如图 15-31 所示。

图　15-29

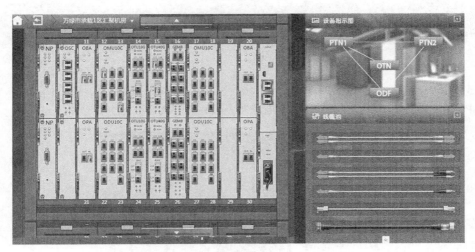

图　15-30

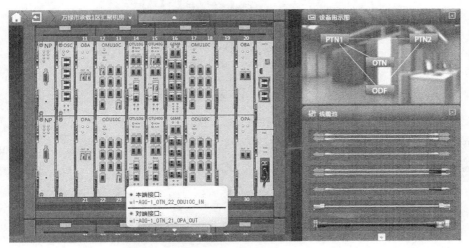

图　15-31

步骤 29：在线缆池中重新选取一根 LC-LC 光纤，一端连接在 OTN_22_ODU10C_CH1，另一端连接在 OTN_15_OTU40G_L1R，操作结果如图 15-32 所示。

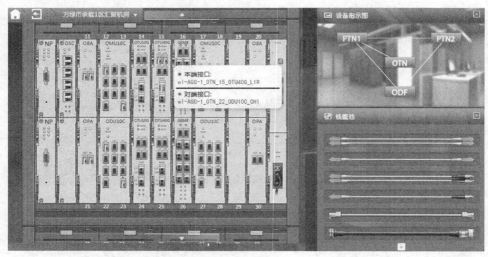

图　15-32

步骤 30：单击设备指示图中 PTN-1 设备按钮，使用成对 LC-FC 尾纤，将其一端连接至 PTN-2 设备 1 槽位 1 端口，操作结果如图 15-33 所示。

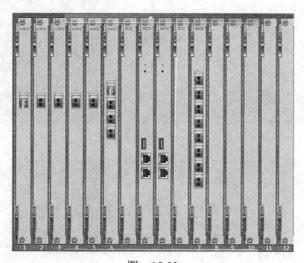

图　15-33

步骤 31：单击设备指示图中 ODF 按钮，将尾纤另一端连接至图 15-34 所示位置，完成万绿市 1 区汇聚机房 PTN-2 到 C 站点 ODF 之间的连线。

图　15-34

步骤 32：单击设备指示图中 PTN-2 设备按钮，完成 PTN-2 设备到 OTN 设备连线，在线缆池中重新选取一根 LC-LC 光纤，一端连接在 PTN2_2_1X40GE_1，操作结果如图 15-35 所示。

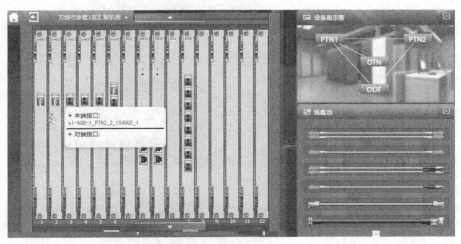

图　15-35

步骤 33：单击设备指示图中 OTN 设备按钮，鼠标移动至第 2 机框，点光纤另一端连接在 OTN_15_OTU40G_C2T/C2R，操作结果如图 15-36 所示。

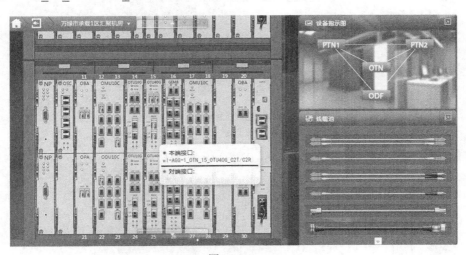

图　15-36

步骤 34：在线缆池中重新选取一根 LC-LC 光纤，一端连接在 OTN_15_OTU40G_L2T/，另一端连接在 OTN_17_OMU10C_CH1，操作结果如图 15-37 所示。

步骤 35：在右边线缆池中重新选取一根 LC-LC 光纤，一端连接在 OTN_17_OMU10C_OUT，另一端连接在 OTN_20_OBA_IN，操作结果如图 15-38 所示。

步骤 36：在右边线缆池中重新选取一根 LC-FC 光纤，一端连接在 OTN_20_OBA_OUT，操作结果如图 15-39 所示。

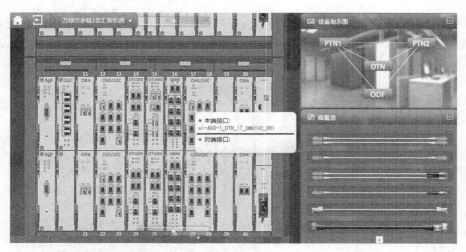

图　15-37

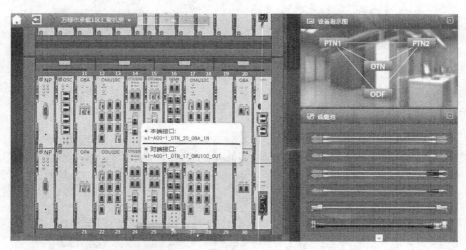

图　15-38

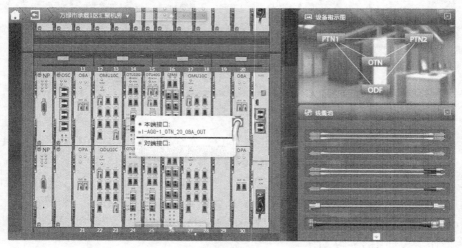

图　15-39

步骤 37：然后在设备指示图中单击 ODF，将光纤的另一端连在 ODF_3T，操作结果如图 15-40 所示。

图 15-40

步骤 38：在线缆池中重新选取一根 LC-FC 光纤，一端连接到 ODF_3R，操作结果如图 15-41 所示。

图 15-41

步骤 39：在设备指示图中单击 OTN，鼠标移动至第 2 机框，点光纤另一端连接在 OTN_30_OPA_IN，操作结果如图 15-42 所示。

步骤 40：在线缆池中重新选取一根 LC-LC 光纤，一端连接在 OTN_30_OPA_OUT，另一端连接在 OTN_27_ODU10C_IN，操作结果如图 15-43 所示。

步骤 41：在线缆池中重新选取一根 LC-LC 光纤，一端连接在 OTN_27_ODU10C_CH1，另一端连接在 OTN_15_OTU40G_L2R，操作结果如图 15-44 所示。

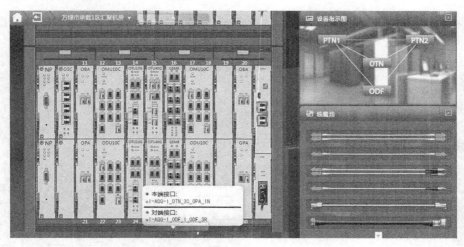

图 15-42

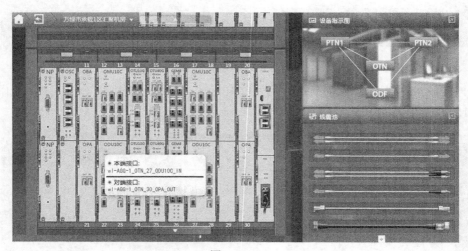

图 15-43

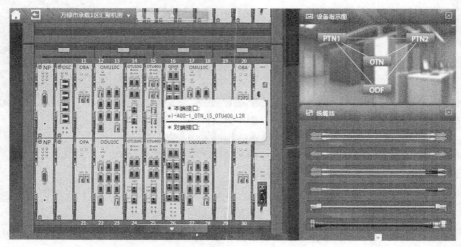

图 15-44

步骤 42：单击切换至万绿市 2 区汇聚机房，在设备指示图中选择 PTN1 设备按钮，完成万绿市 2 区汇聚机房 PTN-1 设备通过 OTN 设备到万绿市 1 区汇聚机房 PTN-1 设备的连线，进入 PTN-1 设备内部，操作结果如图 15-45 所示。

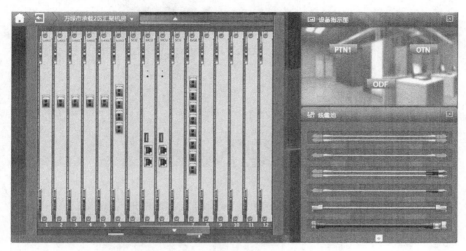

图　15-45

步骤 43：在右边线缆池中选择成对 LC-LC 光纤，将光纤连接到 PTN1_1_1X40GE_1，操作结果如图 15-46 所示。

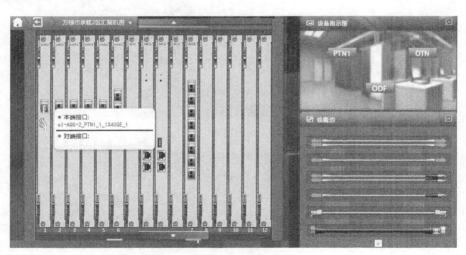

图　15-46

步骤 44：在右上方设备指示图中选择 OTN，进入 OTN 内部，下拉至第 2 机框，将光纤另一端连接在 OTN_15_0TU40G_C1T/C1R，操作结果如图 15-47 所示。

步骤 45：在右边线缆池中重新选取一根 LC-LC 光纤，一端连接在 OTN_15_OTU40G_L1T，另一端连接在 OTN_12_OMU10C_CH1，操作结果如图 15-48 所示。

步骤 46：在右边线缆池中重新选取一根 LC-LC 光纤，一端连接在 OTN_12_OMU10C_OUT，另一端连接在 OTN_11_OBA_IN，操作结果如图 15-49 所示。

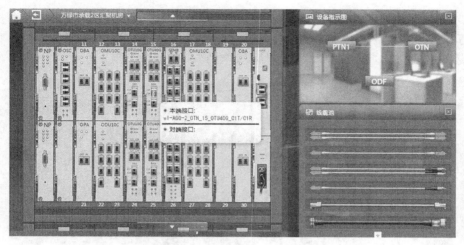

图　15-47

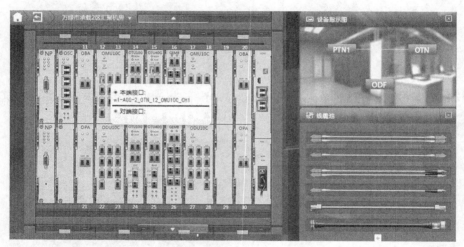

图　15-48

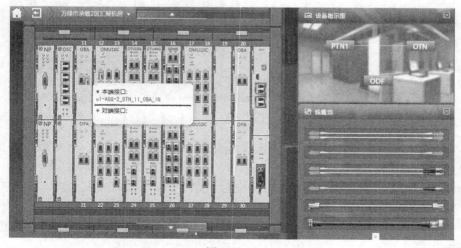

图　15-49

步骤 47：在右边线缆池中重新选取一根 LC-FC 光纤，一端连接在 OTN_11_OBA_OUT，操作结果如图 15-50 所示。

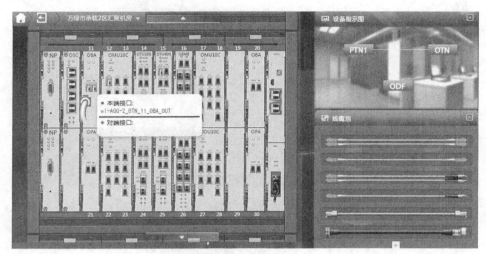

图　15-50

步骤 48：然后在设备指示图中单击 ODF 图标，将光纤的另一端连在 ODF_2T，操作结果如图 15-51 所示。

图　15-51

步骤 49：在线缆池中重新选取一根 LC-FC 光纤，一端连接到 ODF_2R，操作结果如图 15-52 所示。

步骤 50：在设备指示图中单击 OTN 图标，鼠标移动至第 2 机框，点光纤另一端连接在 OTN_21_OPA_IN，操作结果如图 15-53 所示。

步骤 51：在线缆池中重新选取一根 LC-LC 光纤，一端连接在 OTN_21_OPA_OUT，另一端连接在 OTN_22_ODU10C_IN，操作结果如图 15-54 所示。

图　15-52

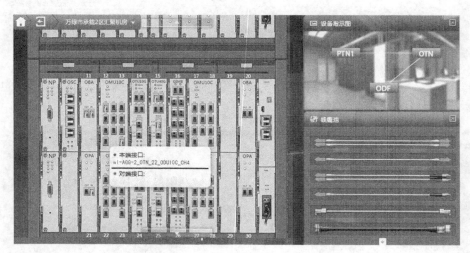

图　15-53

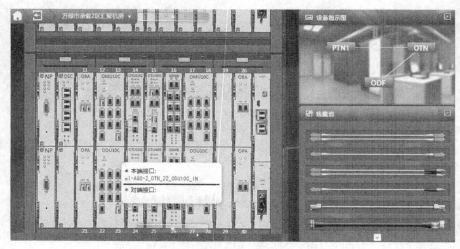

图　15-54

步骤 52：在线缆池中重新选取一根 LC-LC 光纤，一端连接在 OTN_22_ODU10C_CH1，另一端连接在 OTN_15_OTU40G_L1R，操作结果如图 15-55 所示。

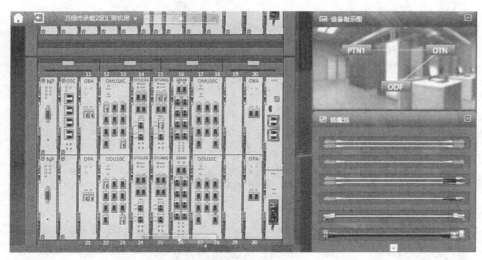

图　15-55

步骤 53：在右上方设备指示图中单击 **PTN1** 图标，完成 PTN-1 设备通过 OTN 设备到万绿市承载中心机房 RT1 的连线，进入 PTN1 内部配置，操作结果如图 15-56 所示。

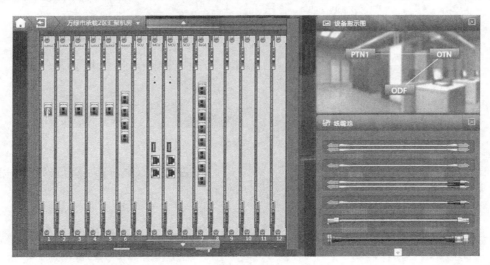

图　15-56

步骤 54：在线缆池中重新选取一根 LC-LC 光纤，一端连接在 PTN1_2_1X40GE_1，操作结果如图 15-57 所示。

步骤 55：在设备指示图中单击 **OTN** 图标，鼠标移动至第 2 机框，点光纤另一端连接在 OTN_15_OTU40G_C2T/C2R，操作结果如图 15-58 所示。

步骤 56：在线缆池中重新选取一根 LC-LC 光纤，一端连接在 OTN_15_OTU40G_L2T/，另一端连接在 OTN_17_OMU10C_CH1，操作结果如图 15-59 所示。

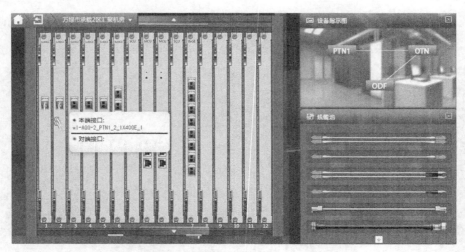

图　　15-57

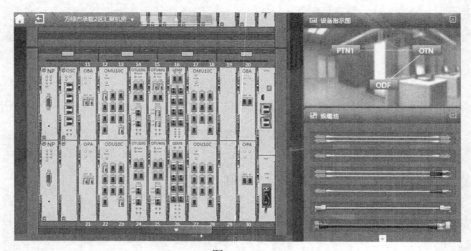

图　　15-58

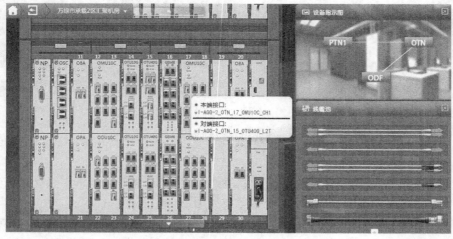

图　　15-59

步骤 57：在右边线缆池中重新选取一根 LC-LC 光纤，一端连接在 OTN_17_OMU10C_OUT，另一端连接在 OTN_20_OBA_IN，操作结果如图 15-60 所示。

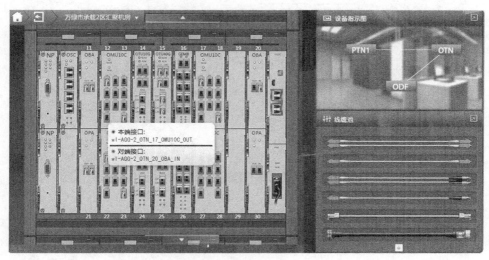

图　15-60

步骤 58：在右边线缆池中重新选取一根 LC-FC 光纤，一端连接在 OTN_20_OBA_OUT，操作结果如图 15-61 所示。

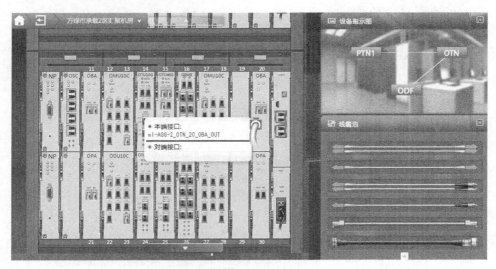

图　15-61

步骤 59：在设备指示图中单击 ODF 图标，将光纤的另一端连在 ODF_1T，操作结果如图 15-62 所示。

步骤 60：在线缆池中重新选取一根 LC-FC 光纤，一端连接到 ODF_1R，操作结果如图 15-63 所示。

步骤 61：在设备指示图中单击 OTN 图标，鼠标移动至第 2 机框，点光纤另一端连接在 OTN_30_OPA_IN，操作结果如图 15-64 所示。

图　15-62

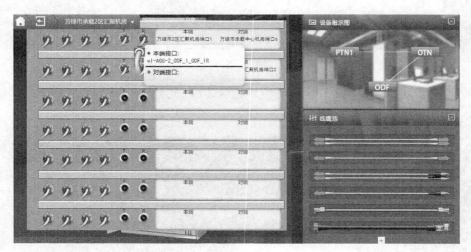

图　15-63

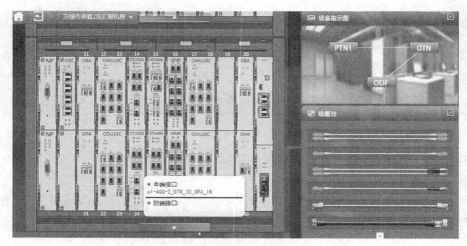

图　15-64

步骤 62：在线缆池中重新选取一根 LC-LC 光纤，一端连接在 OTN_30_OPA_OUT，另一端连接在 OTN_27_ODU10C_IN，操作结果如图 15-65 所示。

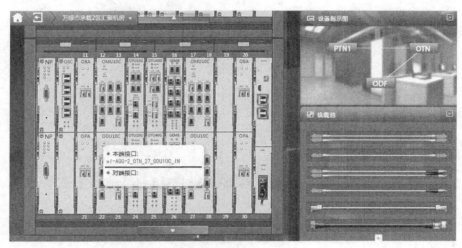

图 15-65

步骤 63：在线缆池中重新选取一根 LC-LC 光纤，一端连接在 OTN_27_ODU10C_CH1，另一端连接在 OTN_15_OTU40G_L2R，操作结果如图 15-66 所示。

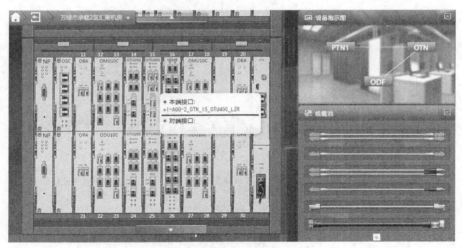

图 15-66

步骤 64：单击切换至万绿市 3 区汇聚机房，在右上方设备指示图中选择 PTN1 设备按钮，进入 PTN1 内部，完成万绿市 3 区汇聚机房 PTN-1 设备通过 OTN 到万绿市 1 区汇聚机房 PTN-2 设备的连线，操作结果如图 15-67 所示。

步骤 65：在右边线缆池中选择成对 LC-LC 光纤，将光纤连接到 PTN1_2_1X40GE_1，操作结果如图 15-68 所示。

步骤 66：在右上方设备指示图中选择 OTN 图标，进入 OTN 内部，下拉至第 2 机框，将光纤另一端连接在 OTN_15_0TU40G_C1T/C1R，操作结果如图 15-69 所示。

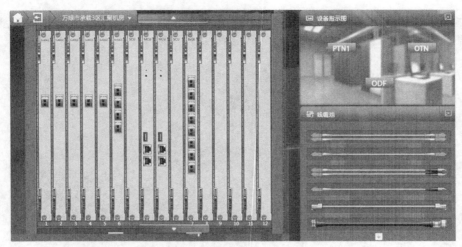

图　15-67

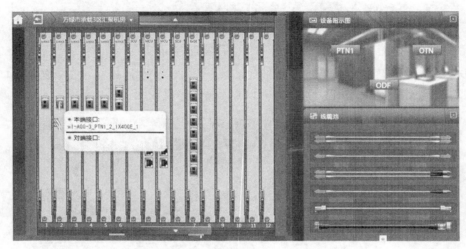

图　15-68

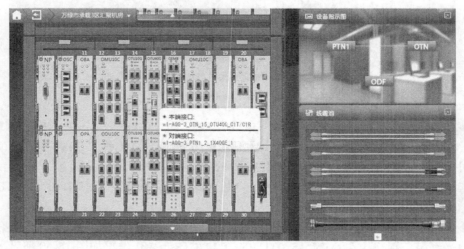

图　15-69

步骤 67：在右边线缆池中重新选取一根 LC-LC 光纤，一端连接在 OTN_15_OTU40G_L1T，另一端连接在 OTN_12_OMU10C_CH1，操作结果如图 15-70 所示。

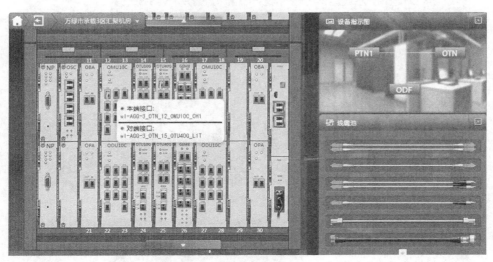

图　15-70

步骤 68：在右边线缆池中重新选取一根 LC-LC 光纤，一端连接在 OTN_12_OMU10C_OUT，另一端连接在 OTN_11_OBA_IN，操作结果如图 15-71 所示。

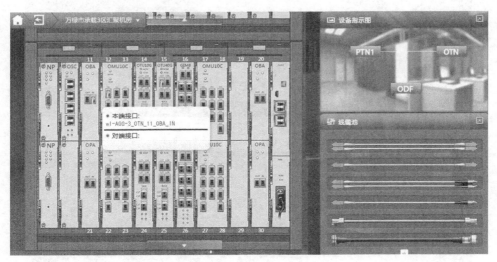

图　15-71

步骤 69：在右边线缆池中重新选取一根 LC-FC 光纤，一端连接在 OTN_11_OBA_OUT，操作结果如图 15-72 所示。

步骤 70：在设备指示图中单击 ODF 图标，将光纤的另一端连在 ODF_2T，操作结果如图 15-73 所示。

步骤 71：在线缆池中重新选取一根 LC-FC 光纤，一端连接到 ODF_2R，操作结果如图 15-74 所示。

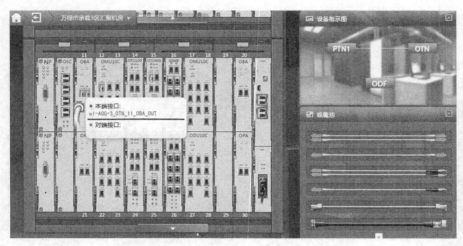

图　15-72

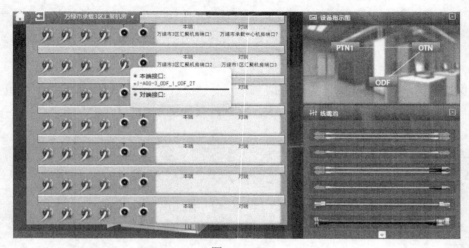

图　15-73

图　15-74

步骤 72：在设备指示图中单击 OTN 图标，鼠标移动至第 2 机框，点光纤另一端连接在 OTN_21_OPA_IN，操作结果如图 15-75 所示。

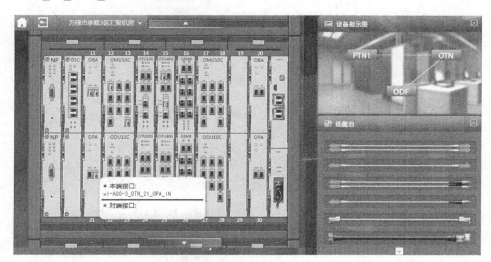

图　15-75

步骤 73：在线缆池中重新选取一根 LC-LC 光纤，一端连接在 OTN_21_OPA_OUT，另一端连接在 OTN_22_ODU10C_IN，操作结果如图 15-76 所示。

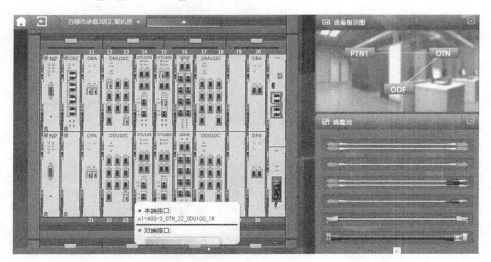

图　15-76

步骤 74：在线缆池中重新选取一根 LC-LC 光纤，一端连接在 OTN_22_ODU10C_CH1，另一端连接在 OTN_15_OTU40G_L1R，操作结果如图 15-77 所示。

步骤 75：在右上方设备指示图中单击 PTN1 图标，进入 PTN1 内部配置，完成万绿市 3 区汇聚机房 PTN1 设备通过 OTN 到万绿市承载中心机房 RT2 的连线，如图 15-78 所示。

步骤 76：在线缆池中重新选取一根 LC-LC 光纤，一端连接在 PTN1_2_1X40GE_1，如图 15-79 所示。

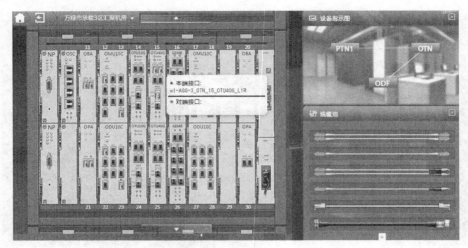

图　15-77

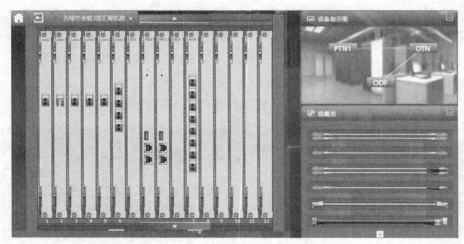

图　15-78

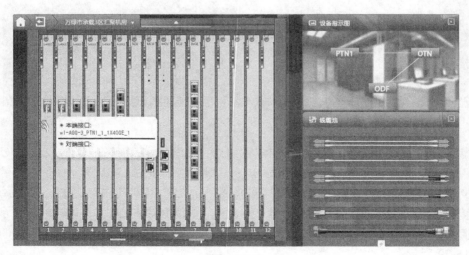

图　15-79

步骤 77：在设备指示图中单击 OTN 图标，鼠标移动至第 2 机框，点光纤另一端连接至 OTN_15_OTU40G_C2T/C2R，操作结果如图 15-80 所示。

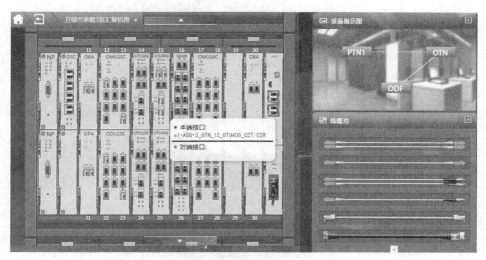

图　15-80

步骤 78：在线缆池中重新选取一根 LC-LC 光纤，一端连接至 OTN_15_OTU40G_L2T/，另一端连接至 OTN_17_OMU10C_CH1，操作结果如图 15-81 所示。

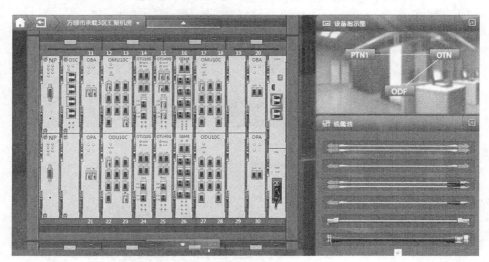

图　15-81

步骤 79：在右边线缆池中重新选取一根 LC-LC 光纤，一端连接在 OTN_17_OMU10C_OUT，另一端连接至 OTN_20_OBA_IN，操作结果如图 15-82 所示。

步骤 80：在右边线缆池中重新选取一根 LC-FC 光纤，一端连接至 OTN_20_OBA_OUT，操作结果如图 15-83 所示。

步骤 81：在设备指示图中单击 ODF 图标，将光纤的另一端连至 ODF_1T，操作结果如图 15-84 所示。

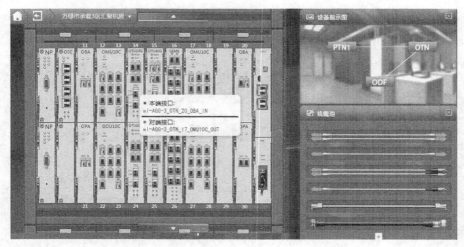

图 15-82

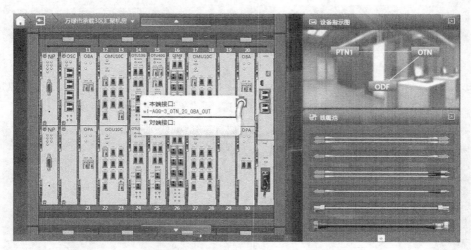

图 15-83

图 15-84

步骤 82：在线缆池中重新选取一根 LC-FC 光纤，一端连接至 ODF_1R，操作结果如图 15-85 所示。

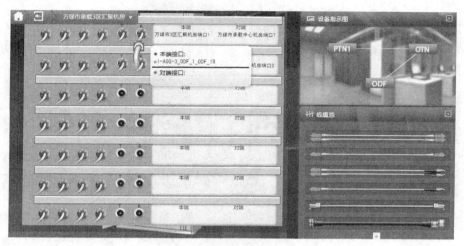

图 15-85

步骤 83：在设备指示图中单击 OTN 图标，鼠标移动至第 2 机框，点光纤另一端连接至 OTN_30_OPA_IN，操作结果如图 15-86 所示。

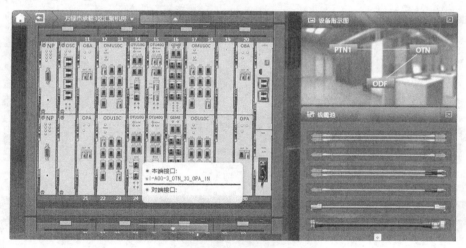

图 15-86

步骤 84：在线缆池中重新选取一根 LC-LC 光纤，一端连接至 OTN_30_OPA_OUT，另一端连接至 OTN_27_ODU10C_IN，操作结果如图 15-87 所示。

步骤 85：在线缆池中重新选取一根 LC-LC 光纤，一端连接至 OTN_27_ODU10C_CH1，另一端连接至 OTN_15_OTU40G_L2R，操作结果如图 15-88 所示。

步骤 86：切换至万绿市中心机房，单击设备指示图中 RT-1 设备按钮，使用成对 LC-LC 尾纤将其一端连接至 PTN-1 设备 1 槽位 1 端口，操作结果如图 15-89 所示。

步骤 87：单击设备指示图中 RT-2 设备按钮，将尾纤另一端连接至 RT-2 设备 1 槽位 1 端口，完成万绿市中心机房两台路由器之间的连线，操作结果如图 15-90 所示。

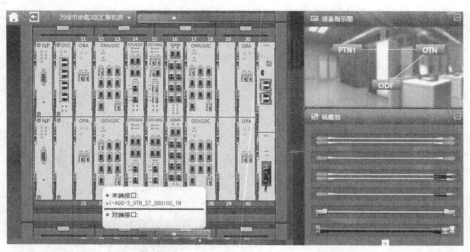

图 15-87

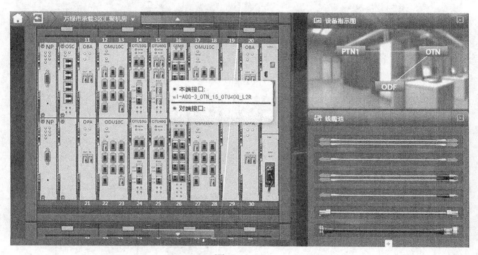

图 15-88

图 15-89

图 15-90

步骤 88：单击设备指示图中 RT-1 设备按钮，进入 RT1 内部，完成万绿市承载中心 RT-1 通过 OTN 设备到万绿市 2 区汇聚机房 PTN-1 设备的连线，操作结果如图 15-91 所示。

图　15-91

步骤 89：在右边线缆池中选择一根 LC-LC 光纤，将光纤一端连接至 RT1_6_1X40GE_1，操作结果如图 15-92 所示。

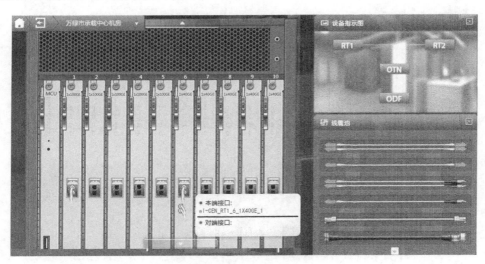

图　15-92

步骤 90：在右上方设备指示图中选择 OTN 图标，进入 OTN 内部，下拉至第 2 机框，将光纤另一端连接至 OTN_15_0TU40G_C1T/C1R，操作结果如图 15-93 所示。

步骤 91：在右边线缆池中重新选取一根 LC-LC 光纤，一端连接至 OTN_15_OTU40G_L1T，另一端连接至 OTN_12_OMU10C_CH1，操作结果如图 15-94 所示。

步骤 92：在右边线缆池中重新选取一根 LC-LC 光纤，一端连接至 OTN_12_OMU10C_OUT，另一端连接至 OTN_11_OBA_IN，操作结果如图 15-95 所示。

图   15-93

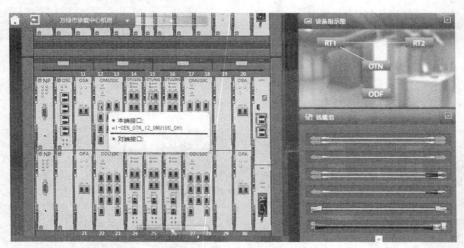

图   15-94

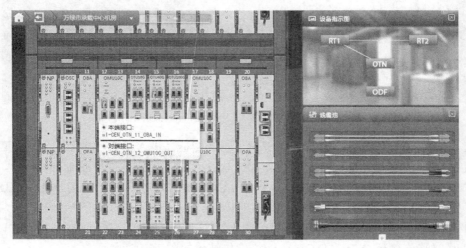

图   15-95

步骤 93：在右边线缆池中重新选取一根 LC-FC 光纤，一端连接至 OTN_11_OBA_OUT，操作结果如图 15-96 所示。

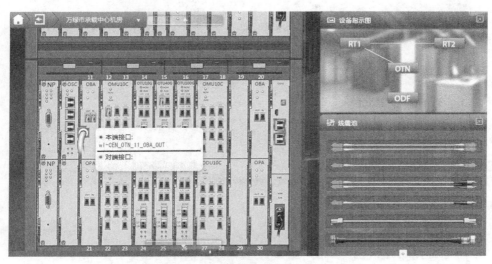

图　15-96

步骤 94：然后在设备指示图中单击 ODF 图标，将光纤的另一端连接至 ODF_6T，操作结果如图 15-97 所示。

图　15-97

步骤 95：在线缆池中重新选取一根 LC-FC 光纤，一端连接至如图 15-98 所示位置。

步骤 96：在设备指示图中单击 OTN 图标，鼠标移动至第 2 机框，将光纤另一端连接至 OTN_21_OPA_IN，操作结果如图 15-99 所示。

步骤 97：在线缆池中重新选取一根 LC-LC 光纤，一端连接至 OTN_21_OPA_OUT，另一端连接至 OTN_22_ODU10C_IN，操作结果如图 15-100 所示。

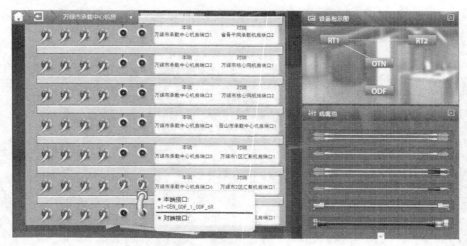

图 15-98

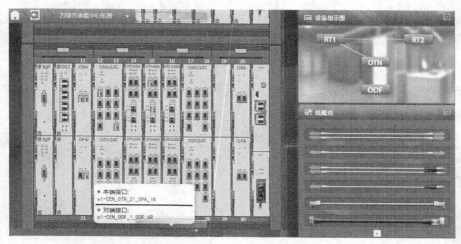

图 15-99

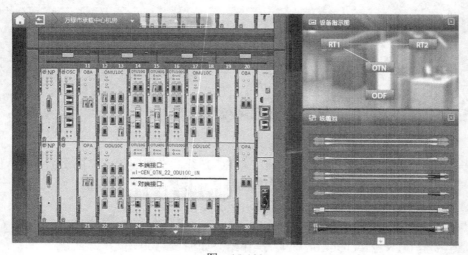

图 15-100

步骤 98：在线缆池中重新选取一根 LC-LC 光纤，一端连接至 OTN_22_ODU10C_CH1，另一端连接至 OTN_15_OTU40G_L1R，操作结果如图 15-101 所示。

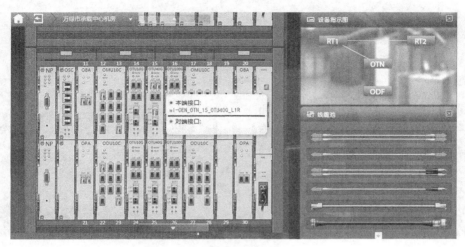

图　15-101

步骤 99：单击设备指示图中 RT-1 设备按钮，使用成对 LC-FC 尾纤，将其一端连接至 RT-1 设备 2 槽位 1 端口，操作结果如图 15-102 所示。

图　15-102

步骤 100：单击设备指示图中 ODF 按钮，将尾纤另一端按照图 15-103 所示完成万绿市承载中心机房 RT-2 到万绿市核心网机房 ODF 的连线。

图　15-103

步骤 101：在右上方设备指示图中单击 RT2 图标，进入 PTN1 内部配置，完成万绿市承载中心 RT2 通过 OTN 设备到万绿市 3 区汇聚机房 PTN-1 设备的连线，操作结果如图 15-104 所示。

图 15-104

步骤 102：在线缆池中重新选取一根 LC-LC 光纤，一端连接至 PTN1_2_1X40GE_1，操作结果如图 15-105 所示。

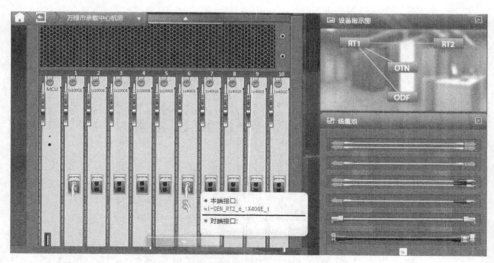

图 15-105

步骤 103：在设备指示图中单击 OTN 图标，鼠标移动至第 2 机框，将光纤另一端连接至 OTN_15_OTU40G_C2T/C2R，操作结果如图 15-106 所示。

步骤 104：在线缆池中重新选取一根 LC-LC 光纤，一端连接至 OTN_15_OTU40G_L2T，另一端连接至 OTN_17_OMU10C_CH1，操作结果如图 15-107 所示。

步骤 105：在右边线缆池中重新选取一根 LC-LC 光纤，一端连接至 OTN_17_OMU10C_OUT，另一端连接至 OTN_20_OBA_IN，操作结果如图 15-108 所示。

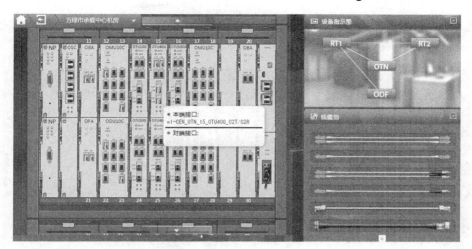

图　15-106

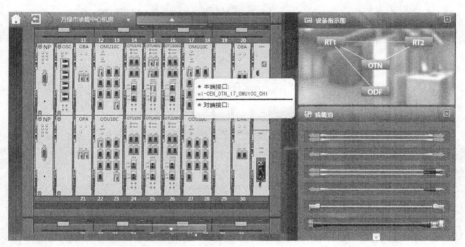

图　15-107

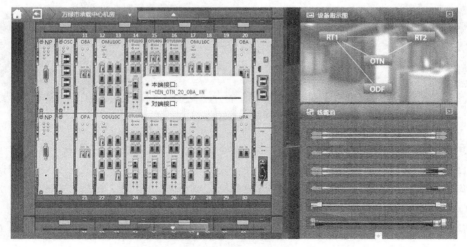

图　15-108

步骤106：在右边线缆池中重新选取一根 LC-FC 光纤，一端连接至 OTN_20_OBA_OUT，操作结果如图 15-109 所示。

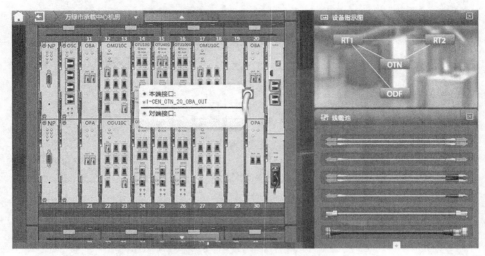

图　15-109

步骤107：在设备指示图中单击 ODF 图标，将光纤的另一端连接至 ODF_7T，操作结果如图 15-110 所示。

图　15-110

步骤108：在线缆池中重新选取一根 LC-FC 光纤，一端连接至 ODF_7R，操作结果如图 15-111 所示。

步骤109：在设备指示图中单击 OTN 图标，鼠标移动至第 2 机框，将光纤另一端连接至 OTN_30_OPA_IN，操作结果如图 15-112 所示。

步骤110：在线缆池中重新选取一根 LC-LC 光纤，一端连接至 OTN_30_OPA_OUT，另一端连接至 OTN_27_ODU10C_IN，操作结果如图 15-113 所示。

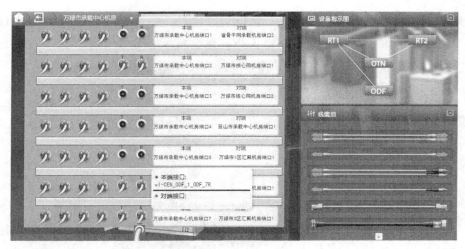

图　15-111

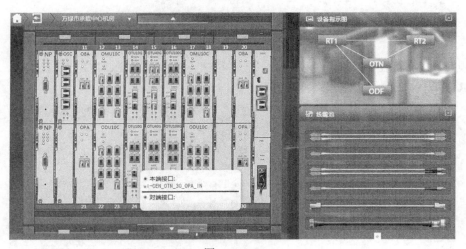

图　15-112

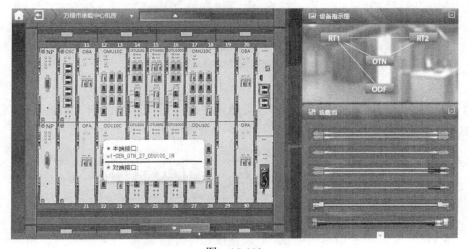

图　15-113

步骤 111：在线缆池中重新选取一根 LC-LC 光纤，一端连接至 OTN_27_ODU10C_CH1，另一端连接至 OTN_15_OTU40G_L2R，操作结果如图 15-114 所示。

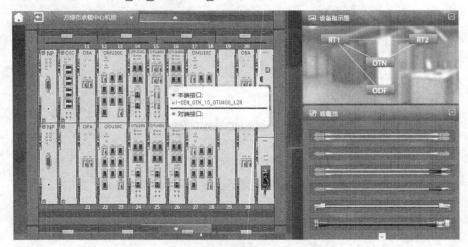

图　15-114

步骤 112：单击设备指示图中 RT-1 设备按钮，使用成对 LC-FC 尾纤，将其一端连接至 RT-1 设备 2 槽位 1 端口，操作结果如图 15-115 所示。

图　15-115

步骤 113：单击设备指示图中 ODF 按钮，将尾纤另一端按照图 15-116 所示完成万绿市承载中心机房 RT-1 到万绿市核心网机房 ODF 的连线。

图　15-116

步骤 114：单击设备指示图中 RT-1 设备按钮，使用成对 LC-FC 尾纤，将其一端连接至 RT-2 设备 2 槽位 1 端口，操作结果如图 15-117 所示。

图　15-117

步骤 115：单击设备指示图中 ODF 按钮，将尾纤另一端按照如图 15-118 所示完成万绿市承载中心机房 RT-2 到万绿市核心网机房 ODF 的连线。

图　15-118

15.3.2　实习任务二：完成承载网数据配置

步骤 1：单击界面上方数据配置页签，将鼠标放至左上角承载按钮处选择万绿市 A 站点机房，进入万绿市 A 站点机房后选中配置节点中的 PTN1 设备按钮，在下方命令导航中单击物理接口配置菜单，按照数据规划进行物理接口配置，配置完成后单击确定按钮进行保存，操作结果如图 15-119 所示。

图　15-119

步骤 2：单击命令导航中配置 loopback 接口菜单进行 loopback 接口配置，配置完成后单击确定按钮进行保存，操作结果如图 15-120 所示。

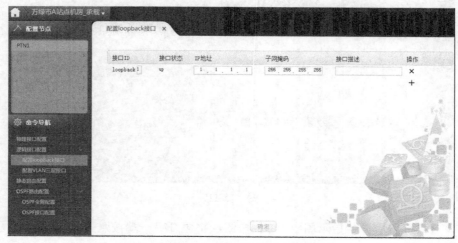

图　15-120

步骤 3：单击命令导航中配置 VLAN 三层接口菜单进行 VLAN 三层接口配置，配置完成后单击确定按钮进行保存，操作结果如图 15-121 所示。

图　15-121

步骤 4：单击 OSPF 路由配置下的 OSPF 全局配置菜单进行 OSPF 全局配置，配置完成后单击确定按钮进行保存，操作结果如图 15-122 所示。

步骤 5：单击 OSPF 路由配置下的 OSPF 接口配置菜单进行 OSPF 接口配置，配置完成后单击确定按钮进行保存，操作结果如图 15-123 所示。

步骤 6：单击承载按钮下的 B 站点进行机房切换，选中配置节点中的 PTN1 设备按钮，在下方命令导航中单击物理接口配置菜单，按照数据规划进行物理接口配置，配置完成后单击确定按钮进行保存，操作结果如图 15-124 所示。

图 15-122

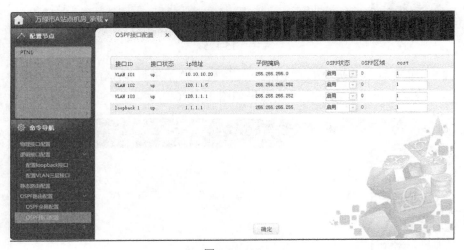

图 15-123

图 15-124

步骤 7：单击命令导航中配置 loopback 接口菜单进行 loopback 接口配置，配置完成后单击确定按钮进行保存，操作结果如图 15-125 所示。

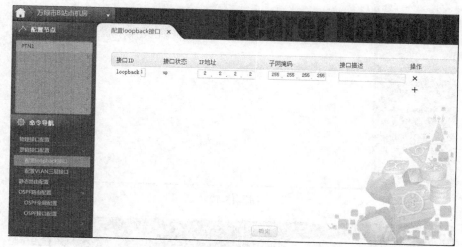

图　15-125

步骤 8：单击命令导航中配置 VLAN 三层接口菜单进行 VLAN 三层接口配置，配置完成后单击确定按钮进行保存，操作结果如图 15-126 所示。

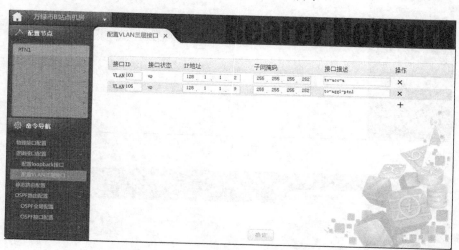

图　15-126

步骤 9：单击命令导航中 OSPF 路由配置下的 OSPF 全局配置菜单进行 OSPF 全局配置，配置完成后单击确定按钮进行保存，操作结果如图 15-127 所示。

步骤 10：单击 OSPF 路由配置下的 OSPF 接口配置菜单进行 OSPF 接口配置，配置完成后单击确定按钮进行保存，操作结果如图 15-128 所示。

步骤 11：单击左上角承载按钮选中万绿市 C 站点机房，参照图 15-129 按照数据规划进行物理接口数据配置，配置完成后单击确定按钮进行保存，操作结果如图 15-129 所示。

图　15-127

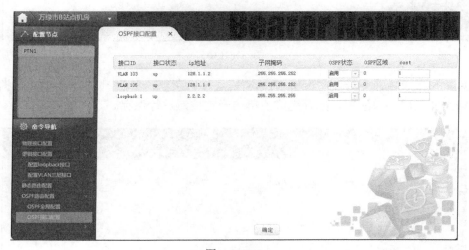

图　15-128

图　15-129

步骤 12：单击命令导航中配置 loopback 接口菜单，参照图 15-130 按照数据规划进行 loopback 接口数据配置，配置完毕后单击确定按钮进行保存。

图 15-130

步骤 13：单击命令导航中配置 VLAN 三层接口菜单，参照图 15-131 按照数据规划进行 VLAN 三层接口配置，配置完成后单击确定按钮进行保存。

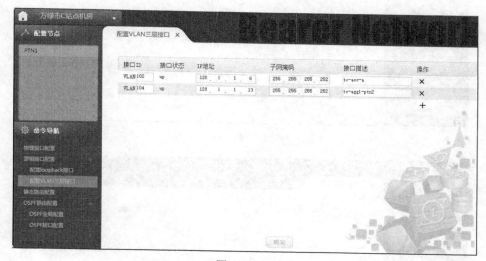

图 15-131

步骤 14：单击命令导航中 OSPF 路由配置下的 OSPF 全局配置菜单，参照图 15-132 按照数据规划进行 OSPF 全局配置，配置完成后单击确定按钮进行保存。

步骤 15：单击 OSPF 路由配置下的 OSPF 接口配置菜单，参照图 15-133 进行 OSPF 接口配置，配置完成后单击确定按钮进行保存。

步骤 16：进入万绿市 1 区汇聚机房，选中左侧配置节点中 PTN1 设备，参照图 15-134 按照数据规划进行物理接口数据配置，配置完成后单击确定按钮进行保存。

图　15-132

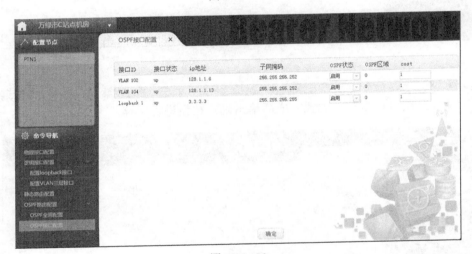

图　15-133

图　15-134

步骤 17：单击命令导航中配置 loopback 接口菜单，参照图 15-135 按照数据规划进行 loopback 接口数据配置，配置完成后单击确定按钮进行保存。

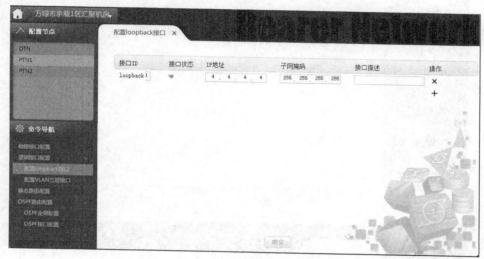

图 15-135

步骤 18：单击命令导航中配置 VLAN 三层接口菜单，参照图 15-136 按照数据规划进行 VLAN 三层接口配置，配置完成后单击确定按钮进行保存。

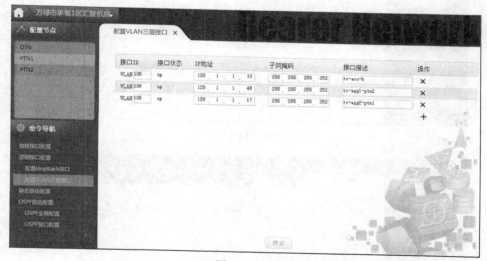

图 15-136

步骤 19：单击命令导航中 OSPF 路由配置下的 OSPF 全局配置菜单，参照图 15-137 按照数据规划进行 OSPF 全局配置，配置完成后单击确定按钮进行保存。

步骤 20：单击 OSPF 路由配置下的 OSPF 接口配置菜单，参照图 15-138 进行 OSPF 接口配置，配置完成后单击确定按钮进行保存。

步骤 21：单击左侧 PTN2 按钮，按照数据规划参照图 15-139 进行物理接口配置，配置完成后单击确定按钮进行保存。

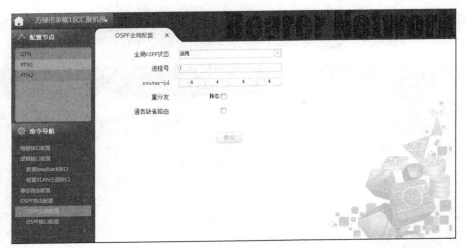

图 15-137

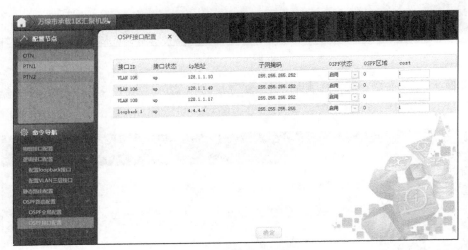

图 15-138

图 15-139

步骤 22：单击命令导航中配置 loopback 接口菜单，参照图 15-140 按照数据规划进行 loopback 接口数据配置，配置完成后单击确定按钮进行保存。

图　15-140

步骤 23：单击命令导航中配置 VLAN 三层接口菜单，参照图 15-141 按照数据规划进行 VLAN 三层接口配置，配置完成后单击确定按钮进行保存。

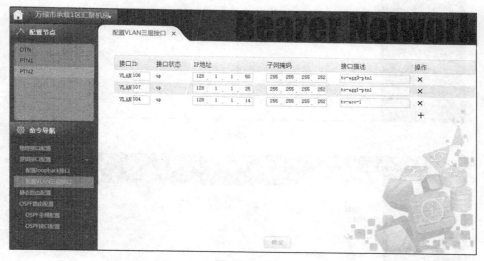

图　15-141

步骤 24：单击命令导航中 OSPF 路由配置下的 OSPF 全局配置菜单，参照图 15-142 按照数据规划进行 OSPF 全局配置，配置完成后单击确定按钮进行保存。

步骤 25：单击 OSPF 路由配置下的 OSPF 接口配置菜单，参照图 15-143 进行 OSPF 接口配置，配置完成后单击确定按钮进行保存。

步骤 26：单击左侧 OTN 按钮，在命令导航中单击频率配置按钮，按照数据规划表进行数据配置，操作结果如图 15-144 所示。

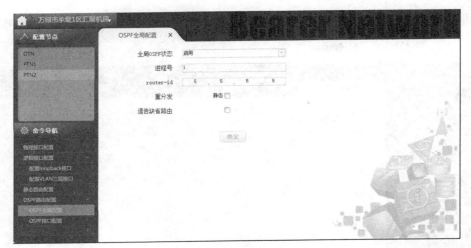

图　15-142

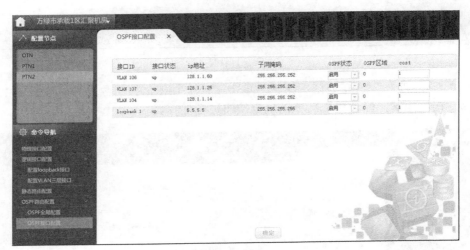

图　15-143

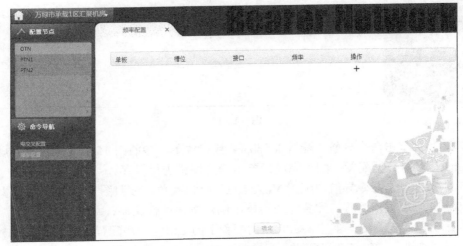

图　15-144

步骤 27：单击 ✚ 按钮，依次增加单板、槽位、接口、频率，然后右击确定按钮。如图 15-145 所示。

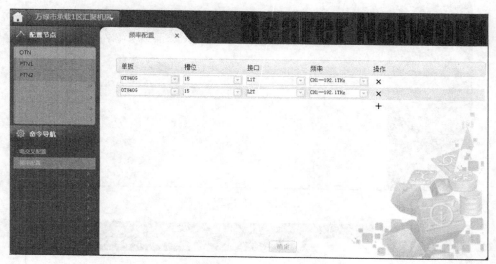

图　15-145

步骤 28：进入万绿市 2 区汇聚机房单击 PTN1 按钮，按照数据规划参照图 15-146进行物理接口配置，配置完成后单击确定按钮进行保存。

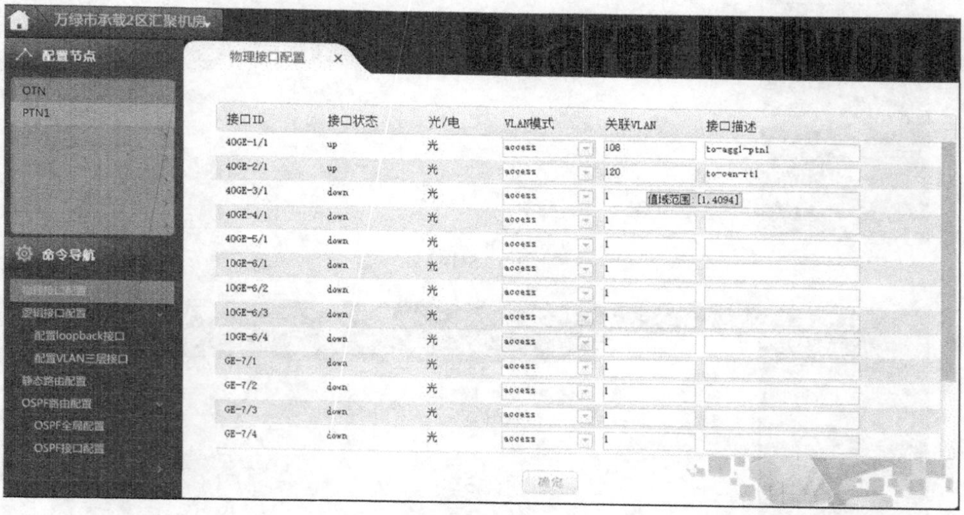

图　15-146

步骤 29：单击命令导航中配置 loopback 接口菜单，参照图 15-147 按照数据规划进行 loopback 接口数据配置，配置完成后单击确定按钮进行保存。

步骤 30：单击命令导航中配置 VLAN 三层接口菜单，参照图 15-148 按照数据规划进行 VLAN 三层接口配置，配置完成后单击确定按钮进行保存。

步骤 31：单击命令导航中 OSPF 路由配置下的 OSPF 全局配置菜单，参照图 15-149按照数据规划进行 OSPF 全局配置，配置完成后单击确定按钮进行保存。

图 15-147

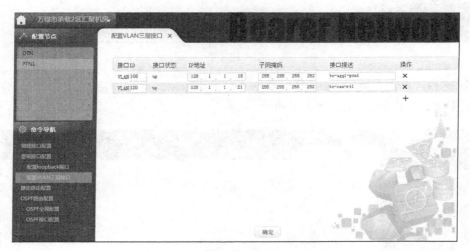

图 15-148

图 15-149

步骤 32：单击 OSPF 路由配置下的 OSPF 接口配置菜单，参照图 15-150 进行 OSPF 接口配置，配置完成后单击确定按钮进行保存。

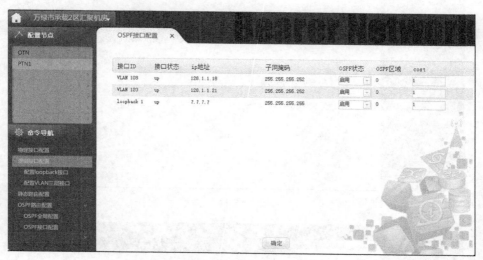

图　15-150

步骤 33：单击左侧 OTN 按钮，在命令导航中单击频率配置按钮，按照数据规划进行数据配置，操作界面如图 15-151 所示。

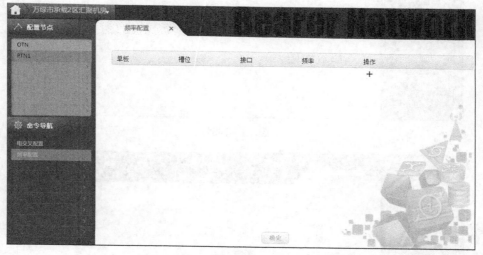

图　15-151

步骤 34：单击 ➕ 图标，依次增加单板、槽位、接口、频率，然后右击确定按钮。如图 15-152 所示。

步骤 35：进入万绿市 3 区汇聚机房，单击 PTN1 设备按钮，按照数据规划参照图 15-153 进行物理接口配置，配置完成后单击确定按钮进行保存。

步骤 36：单击命令导航中配置 loopback 接口菜单，参照图 15-154 按照数据规划进行 loopback 接口数据配置，配置完成后单击确定按钮进行保存。

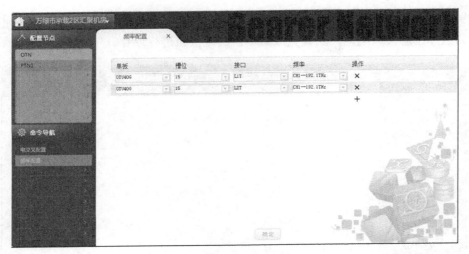

图　15-152

图　15-153

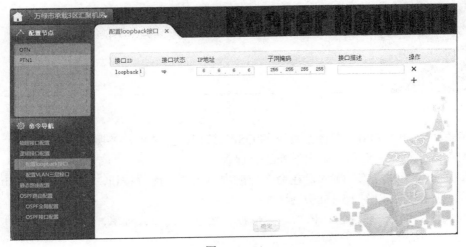

图　15-154

步骤 37：单击命令导航中配置 VLAN 三层接口菜单，参照图 15-155 按照数据规划进行 VLAN 三层接口配置，配置完成后单击确定按钮进行保存。

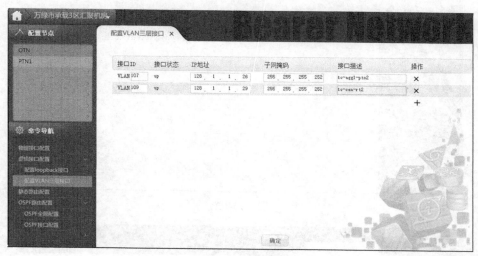

图　15-155

步骤 38：单击命令导航中 OSPF 路由配置下的 OSPF 全局配置菜单，参照图 15-156 按照数据规划进行 OSPF 全局配置，配置完成后单击确定按钮进行保存。

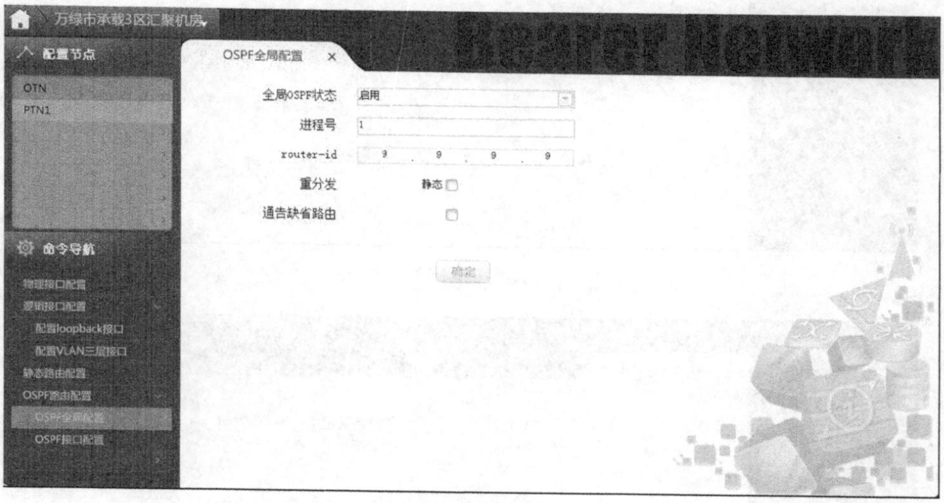

图　15-156

步骤 39：单击 OSPF 路由配置下的 OSPF 接口配置菜单，参照图 15-157 进行 OSPF 接口配置，配置完成后单击确定按钮进行保存。

步骤 40：单击左侧 OTN，在命令导航中单击频率配置按钮，按照数据规划进行数据配置，操作界面如图 15-158 所示。

步骤 41：单击 ＋ 按钮，依次增加单板、槽位、接口、频率，然后单击确定按钮。如图 15-159 所示。

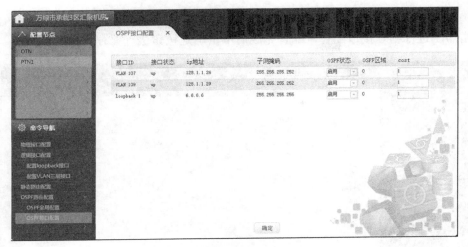

图　15-157

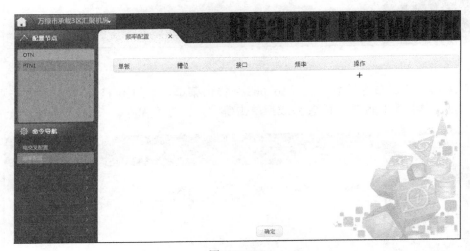

图　15-158

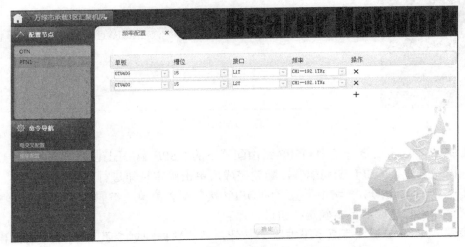

图　15-159

步骤 42：进入万绿市中心机房，单击路由器 1 按钮，按照数据规划参照图 15-160 对路由器 1 进行物理接口配置，配置完成后单击确定按钮进行保存。

图　15-160

步骤 43：单击命令导航中配置 loopback 接口菜单，参照图 15-161 按照数据规划进行 loopback 接口数据配置，配置完成后单击确定按钮进行保存。

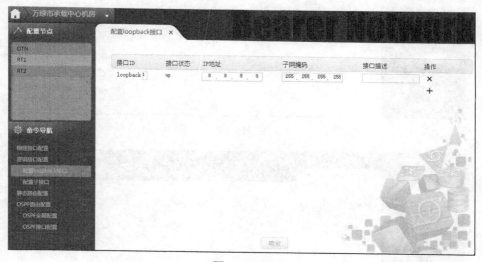

图　15-161

步骤 44：单击命令导航中 OSPF 路由配置下的 OSPF 全局配置菜单，参照图 15-162 按照数据规划进行 OSPF 全局配置，配置完成后单击确定按钮进行保存。

步骤 45：单击 OSPF 路由配置下的 OSPF 接口配置菜单，参照图 15-163 进行 OSPF 接口配置，配置完成后单击确定按钮进行保存。

步骤 46：单击配置节点下路由器 2 按钮，按照数据规划参照图 15-164 对路由器 2 进行物理接口配置，配置完成后单击确定按钮进行保存。

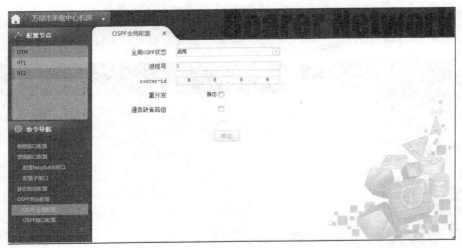

图　15-162

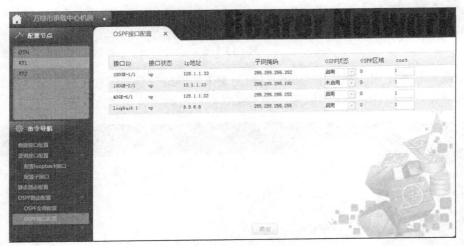

图　15-163

图　15-164

步骤 47：单击命令导航中配置 loopback 接口菜单，参照图 15-165 按照数据规划进行 loopback 接口数据配置，配置完成后单击确定按钮进行保存。

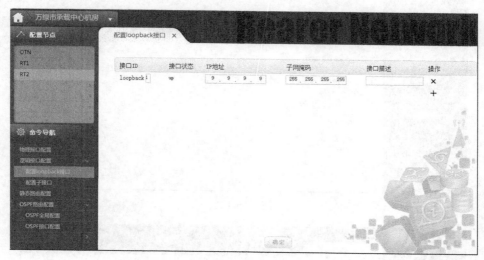

图　15-165

步骤 48：单击命令导航中 OSPF 路由配置下的 OSPF 全局配置菜单，参照图 15-166 按照数据规划进行 OSPF 全局配置，配置完成后单击确定按钮进行保存。

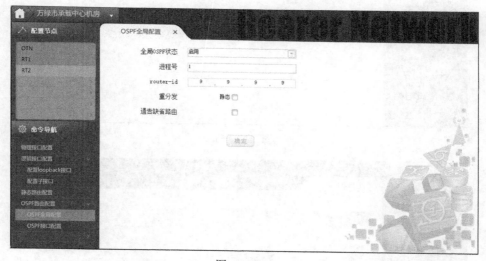

图　15-166

步骤 49：单击 OSPF 路由配置下的 OSPF 接口配置菜单，参照图 15-167 进行 OSPF 接口配置，配置完成后单击确定按钮进行保存。

步骤 50：单击左侧 OTN 按钮，在命令导航中单击频率配置按钮，按照数据规划进行数据配置，操作界面如图 15-168 所示。

步骤 51：单击 ＋ 按钮，依次增加单板、槽位、接口、频率，然后右击确定按钮。如图 15-169 所示。

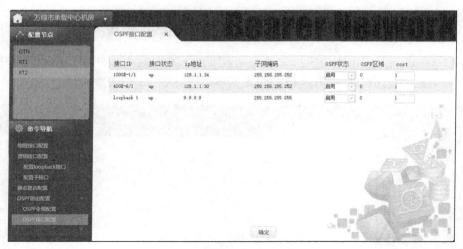

图　15-167

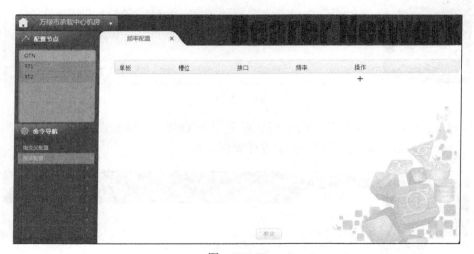

图　15-168

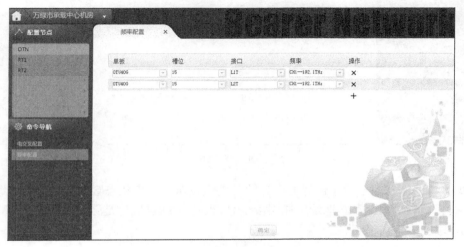

图　15-169

15.3.3　实习任务三：完成承载网与核心网对接数据配置

步骤 1：进入万绿市中心机房，单击配置节点下路由器 1 按钮，在命令导航中单击静态路由配置，按照图 15-170 及核心网数据规划进行静态路由的添加。

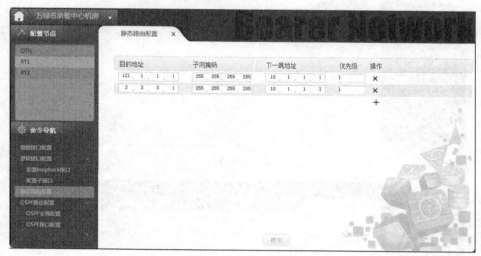

图　15-170

步骤 2：单击命令导航下 OSPF 路由配置下的 OSPF 全局配置按钮，在右侧界面中单击重分布静态后，如图 15-171 所示进行操作。

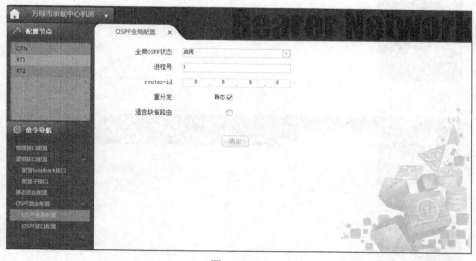

图　15-171

步骤 3：配置完毕后单击界面上方业务调试按钮，单击状态查询，查看中心路由器是否学习到基站侧配置 IP 地址所在网段信息，查看 A 站点机房是否学习到 S1-C 和 S1-U 相关 IP 地址信息。

15.4　总结与思考

15.4.1　实习总结

　　基站业务是否正常，关键在于承载网是否将基站与核心网中 SGW 和 MME 之间的路由通道打通，单业务测试只要保证基站能够与 SGW 中的 S1-U 地址、与 MME 中的 S1-U 地址之间互通即可，业务测试不通，此时需检查无线核心网及无线基站侧相关数据配置。

15.4.2　思考题

　　1．在与 OTN 进行对接时 PTN 或者路由器侧速率是否必须与 OTN 侧保持一致？
　　2．OTN 数据配置时往返使用的频率是否需保持一致？
　　3．在与核心网对接时需配置哪些静态路由？
　　4．基站侧是否可以与 MME 和 SGW 接口地址互通？

15.4.3　练习题

　　1．将万绿市中心机房 OTN 设备 OTU 单板更换为 LDX 单板，进行设备连线及相关数据配置。
　　2．按照如图 15-172 所示拓扑完成千湖市承载网设备连线及相关数据配置，在完成核心网数据配置后最终实现万绿市基站与千湖市基站之间的切换（IP 地址及 OTN 设备频率自行规划）。

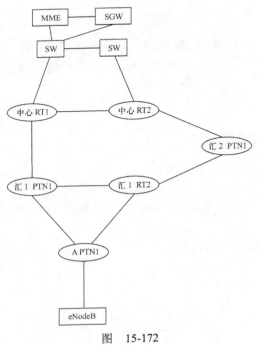

图　15-172

实习单元 16

IP 承载网故障处理

16.1 实习说明

16.1.1 实习目的

熟悉 IP 承载网中故障处理的方法及思路。

16.1.2 实习任务

千湖市多个机房的路由器、PTN 组网，目前存在网络故障。要求在不修改现有的 IP 地址的前提下排除故障，确保每个设备的 loopback 地址能互相 ping 通，并列出所有故障点和排查思路。

16.1.3 实习时长

4 学时

16.2 拓扑规划

实习任务拓扑规划如图 16-1 所示。

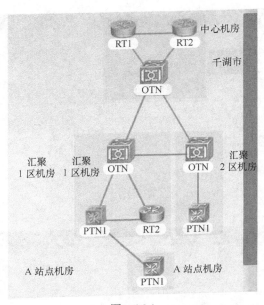

图　16-1

数据规划

　　无

16.3　实习步骤

　　步骤 1：打开并登录仿真软件，选择最顶端 业务调试 页签，进入业务调试界面。

　　步骤 2：单击左上角承载页签，进入承载网业务调试界面。

　　步骤 3：单击界面右侧告警选项，查看当前和历史告警。

　　步骤 4：按照图 16-2 所示，单击左下角当前告警后 □ 图标，将当前告警显示界面放大。

图　16-2

　　步骤 5：如图 16-3 所示，在当前告警中当前城市后的下拉框中选择千湖市，对千湖市承载网告警进行筛选。

　　步骤 6：如图 16-4 所示，由于在当前告警中显示为 IP 接口 down，IP 接口的 up 和 down 与物理接口关系紧密，由此可以判断为物理链路的问题导致 IP 接口 down。

　　步骤 7：单击界面上方数据配置按钮，进入数据配置界面，如图 16-5 所示。

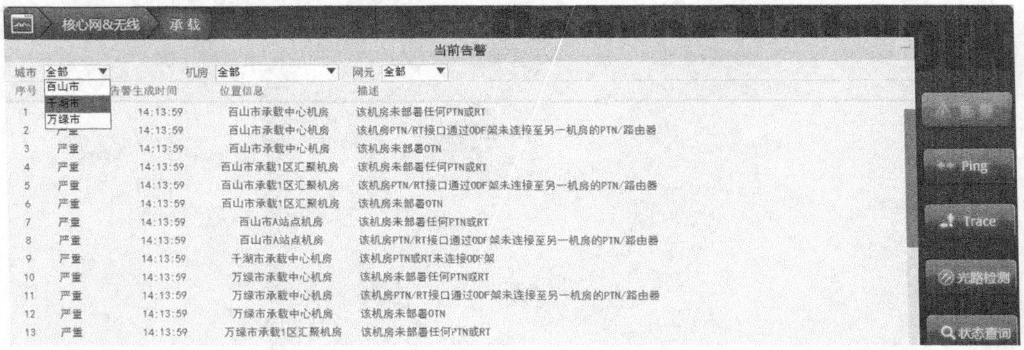

图　16-3

图　16-4

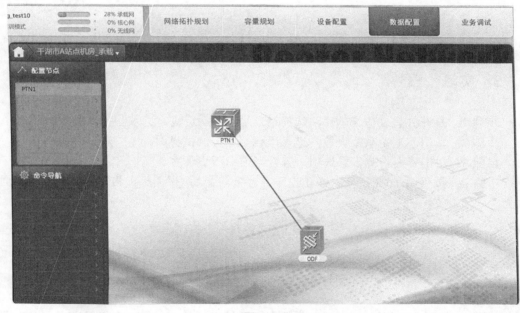

图　16-5

步骤 8：在图 16-6 所示的承载页签中选择千湖 A 站点机房，进行数据配置信息的查询（物理接口、逻辑接口、静态路由、OSPF 路由配置），并按照业务查询中所显示的拓扑信息中进行标注。

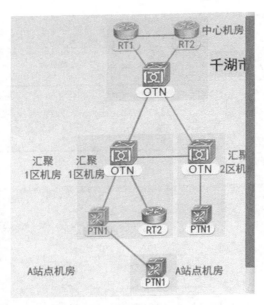

图　16-6

步骤 9：单击界面上方设备配置页签，根据在数据配置中查询出的端口信息进行相关端口连线查看，如图 16-7 所示。

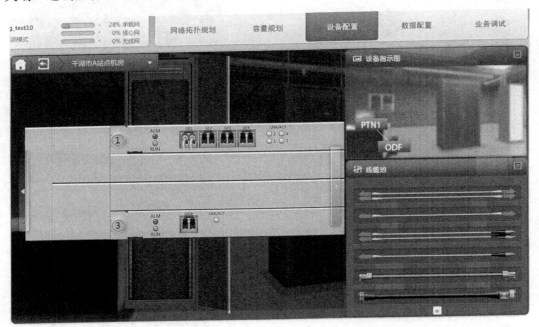

图　16-7

步骤 10：如图 16-8 所示，将鼠标放至设备端口处，显示对端连接的端口信息。

步骤 11：如图 16-9 所示，单击界面右上角设备指示图中的 ODF 图标，进入 ODF 机柜查看对应端口所对应机房设备信息。

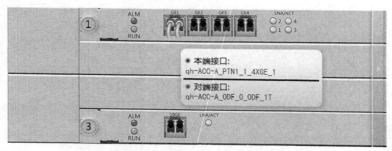

图　16-8

图　16-9

步骤 12：单击进入千湖市 1 区汇聚机房，单击 ODF 按钮，将鼠标放至 ODF 架中端口 3 所对应的位置并查看对端设备对应端口，操作界面如图 16-10 所示。

图　16-10

步骤 13：通过 ODF 显示发现在承载 1 区 PTN 设备连接的端口为 10GE 端口，A 站点 PTN 侧端口为 GE 端口，由于设备两侧端口速率不匹配导致 IP 接口 DOWN，将承载 1 区汇聚机房进行设备端口调整至 GE 端口，如图 16-11 所示。

图　16-11

步骤 14：单击界面上方数据配置页签，将承载 1 区汇聚机房 PTN-1 设备原 6/1 端口物理接口 IP 地址移至 8/1 口，并将 6/1 口配置数据删除，操作如图 16-12 和图 16-13 所示。

图　16-12

步骤 15：单击界面上方业务调试页签下的告警按钮，按照步骤 5 所示方法，进行相关告警的查询，操作结果如图 16-14 所示。

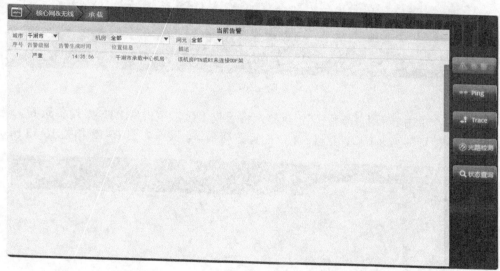

图　16-13

图　16-14

步骤 16：通过当前告警信息查看已无 IP 接口 down 告警，根据任务要求实现各设备 loopback 地址互通，进入业务调试界面中状态查询，分别查看 A 站点、汇聚 1 区机房 PTN、RT、汇聚 2 区机房 PTN、中心机房 RT1、RT2 相关设备的路由表信息，其操作结果如图 16-15、图 16-16、图 16-17、图 16-18、图 16-19 和图 16-20 所示。

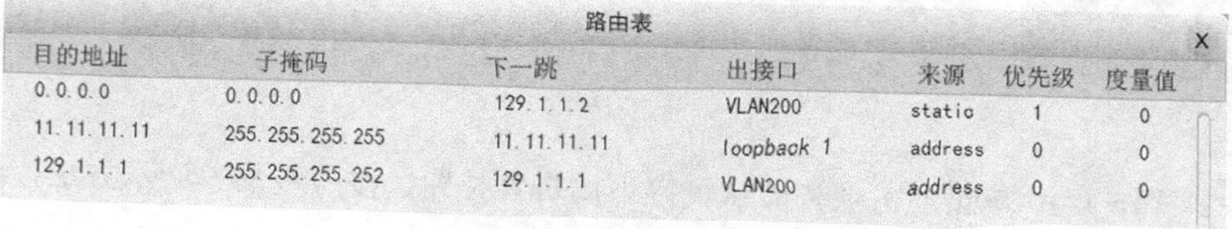

路由表						X
目的地址	子掩码	下一跳	出接口	来源	优先级	度量值
0.0.0.0	0.0.0.0	129.1.1.2	VLAN200	static	1	0
11.11.11.11	255.255.255.255	11.11.11.11	loopback 1	address	0	0
129.1.1.1	255.255.255.252	129.1.1.1	VLAN200	address	0	0

图 16-15　（A 站点）

目的地址	子掩码	下一跳	出接口	来源	优先级	度量值
11.11.11.11	255.255.255.255	129.1.1.1	VLAN200	static	1	0
11.11.11.12	255.255.255.255	11.11.11.12	loopback 1	address	0	0
129.1.1.12	255.255.255.252	129.1.1.13	VLAN203	direct	0	0
129.1.1.2	255.255.255.252	129.1.1.2	VLAN200	address	0	0
129.1.1.8	255.255.255.252	129.1.1.9	VLAN202	direct	0	0
11.11.11.15	255.255.255.255	129.1.1.14	VLAN 203	OSPF	110	2
11.11.11.16	255.255.255.255	129.1.1.14	VLAN 203	OSPF	110	3
129.1.1.16	255.255.255.252	129.1.1.14	VLAN 203	OSPF	110	3
129.1.1.24	255.255.255.252	129.1.1.14	VLAN 203	OSPF	110	

图 16-16　（汇聚 1 区 PTN）

目的地址	子掩码	下一跳	出接口	来源	优先级	度量值
11.11.11.13	255.255.255.255	11.11.11.13	loopback|1	address	0	0
129.1.1.2	255.255.255.252	129.1.1.2	40GE-2/1	address	0	0
129.1.1.8	255.255.255.252	129.1.1.10	40GE-1/1	direct	0	0
11.11.11.12	255.255.255.255	129.1.1.9	40GE-1/1	OSPF	110	2
11.11.11.15	255.255.255.255	129.1.1.9	40GE-1/1	OSPF	110	3
11.11.11.16	255.255.255.255	129.1.1.9	40GE-1/1	OSPF	110	4
129.1.1.12	255.255.255.252	129.1.1.9	40GE-1/1	OSPF	110	2
129.1.1.16	255.255.255.252	129.1.1.9	40GE-1/1	OSPF	110	3
129.1.1.24	255.255.255.252	129.1.1.9	40GE-1/1	OSPF	110	4

图 16-17　（汇聚 1 区 RT）

目的地址	子掩码	下一跳	出接口	来源	优先级	度量值
11.11.11.14	255.255.255.255	11.11.11.14	loopback 1	address	0	0
129.1.1.22	255.255.255.252	129.1.1.22	VLAN206	address	0	0
129.1.1.25	255.255.255.252	129.1.1.25	VLAN205	address	0	0

图 16-18　（汇聚 2 区 PTN）

目的地址	子掩码	下一跳	出接口	来源	优先级	度量值
11.11.11.15	255.255.255.255	11.11.11.15	loopback|1	address	0	0
129.1.1.12	255.255.255.252	129.1.1.14	40GE-7/1	direct	0	0
129.1.1.16	255.255.255.252	129.1.1.17	40GE-6/1	direct	0	0
11.11.11.12	255.255.255.255	129.1.1.13	40GE-7/1	OSPF	110	2
11.11.11.16	255.255.255.255	129.1.1.18	40GE-6/1	OSPF	110	2
129.1.1.24	255.255.255.252	129.1.1.18	40GE-6/1	OSPF	110	2
129.1.1.8	255.255.255.252	129.1.1.13	40GE-7/1	OSPF	110	2

图 16-19　（中心 RT1）

目的地址	子掩码	下一跳	出接口	来源	优先级	度量值
11.11.11.16	255.255.255.255	11.11.11.16	loopback|1	address	0	0
129.1.1.18	255.255.255.252	129.1.1.18	40GE-6/1	address	0	0
129.1.1.24	255.255.255.252	129.1.1.26	40GE-7/1	direct	0	0
11.11.11.12	255.255.255.255	129.1.1.17	40GE-6/1	OSPF	110	3
11.11.11.15	255.255.255.255	129.1.1.17	40GE-6/1	OSPF	110	2
129.1.1.12	255.255.255.252	129.1.1.17	40GE-6/1	OSPF	110	2
129.1.1.8	255.255.255.252	129.1.1.17	40GE-6/1	OSPF	110	3

图 16-20　（中心 RT2）

步骤 17：通过路由表可以获得所有设备的 loopback 地址信息，从路由表可以发现在汇聚 2 区的路由表中除了直连路由信息外，没有其他的路由信息，进入汇聚 2 区 PTN 数据配置界面进行静态路由配置和 OSPF 数据配置配置检查，操作结果如图 16-21、图 16-22 和图 16-23 所示。

图　16-21

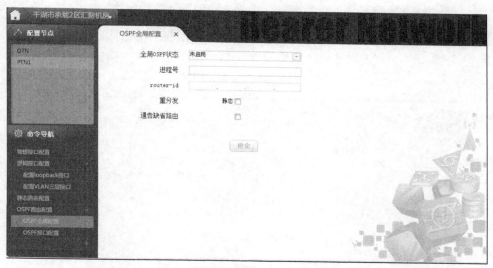

图　16-22

步骤 18：单击 OSPF 路由配置选项下的 OSPF 全局配置菜单，启用 OSPF 协议，操作结果如图 16-24 所示。

步骤 19：单击 OSPF 路由配置下的 OSPF 接口配置，启用所有接口的 OSPF 协议，操作结果如图 16-25 所示。

图　16-23

图　16-24

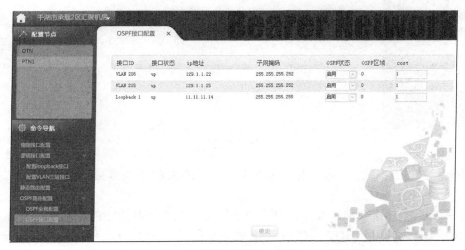

图　16-25

步骤 20：单击业务调试界面下的状态查询按钮，再次查看汇聚 2 区路由学习情况，查询结果如图 16-26 所示。

路由表						X
目的地址	子掩码	下一跳	出接口	来源	优先级	度量值
11.11.11.14	255.255.255.255	11.11.11.14	loopback 1	address	0	0
129.1.1.22	255.255.255.252	129.1.1.22	VLAN206	address	0	0
129.1.1.25	255.255.255.252	129.1.1.25	VLAN205	address	0	0

图 16-26

步骤 21：通过查看路由表发现虽然已启用 OSPF 协议，但仍然未通过 OSPF 协议学习到相关的路由信息，进入业务调试界面下的状态查询界面，查看汇聚 2 区 OSPF 邻居建立情况，其操作结果如图 16-27 所示。

OSPF邻居 (本机router-id:11.11.11.14)				X
邻居router-id	邻居接口IP	本端接口	本端接口IP	Area

图 16-27

步骤 22：通过查看发现 OSPF 邻居未建立，进入汇聚 2 区数据配置界面，查看 PTN 设备的物理接口配置信息，并在拓扑图中进行接口和 IP 地址的相关标记，操作结果如图 16-28 所示。

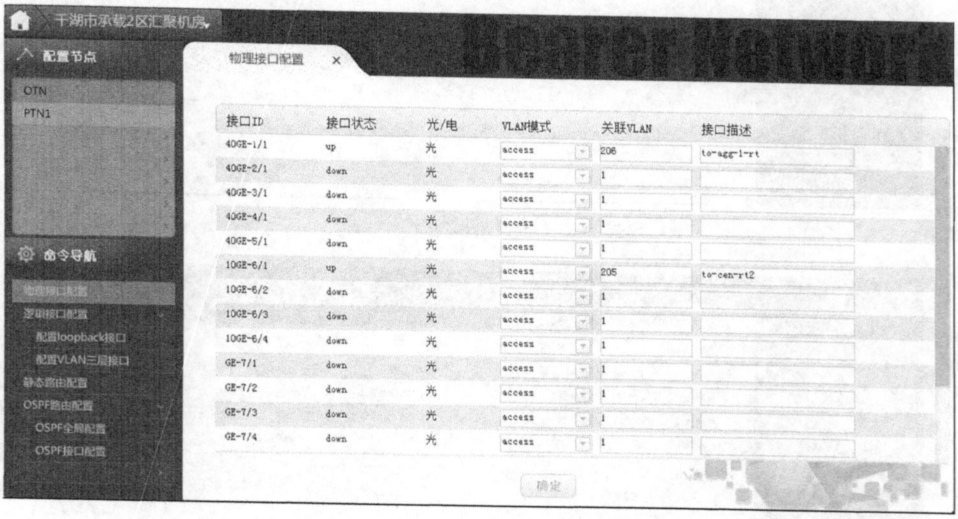

图 16-28

步骤 23：根据拓扑规划，进入承载 1 区查看路由器 2 物理接口配置，操作结果如图 16-29 所示。

步骤 24：根据接口描述及接口 IP 地址配置，并结合拓扑图中的信息记录发现承载 2 区 PTN 设备与承载 1 区 RT2 对接接口 IP 地址不在同一网段，修改承载 1 区 RT2 设备 2/1 口物理接口 IP 地址，其操作结果如图 16-30 所示。

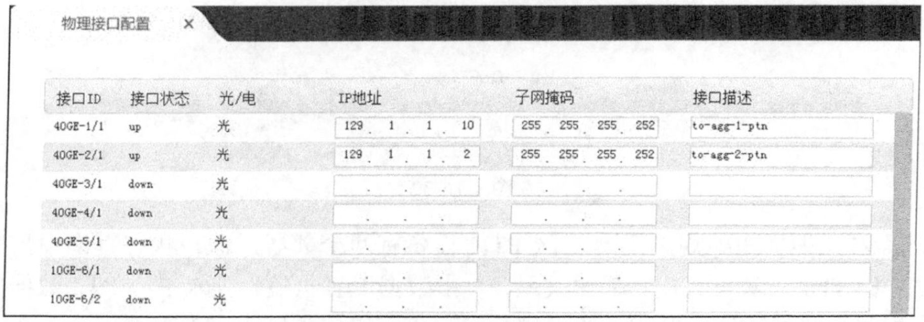
物理接口配置
接口ID
接口状态
光/电
IP地址
子网掩码
接口描述
40GE-1/1 up 光 129.1.1.10 255.255.255.252 to-agg-1-ptn
40GE-2/1 up 光 129.1.1.2 255.255.255.252 to-agg-2-ptn
40GE-3/1 down 光
40GE-4/1 down 光
40GE-5/1 down 光
10GE-6/1 down 光
10GE-6/2 down 光

图　16-29

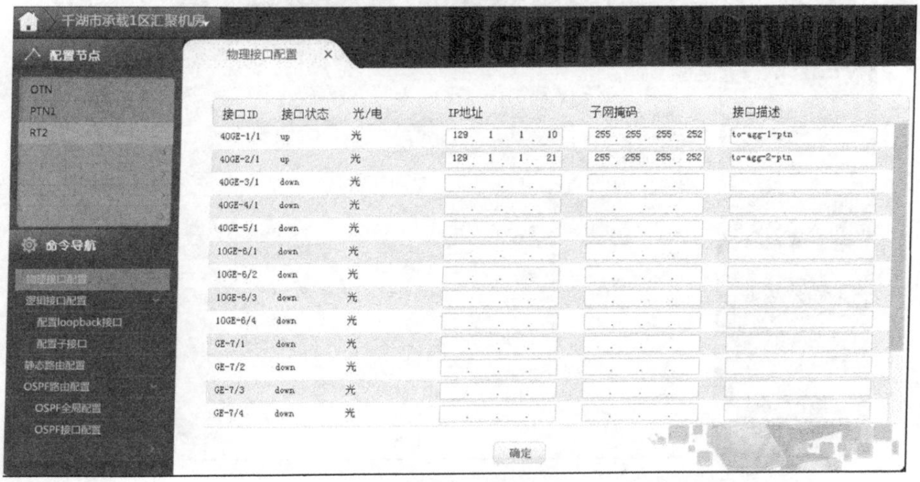
千湖市承载1区汇聚机房
配置节点
OTN
PTN1
RT2
命令导航
物理接口配置
逻辑接口配置
配置loopback接口
配置子接口
静态路由配置
OSPF路由配置
OSPF全局配置
OSPF接口配置
物理接口配置
接口ID
接口状态
光/电
IP地址
子网掩码
接口描述
40GE-1/1 up 光 129.1.1.10 255.255.255.252 to-agg-1-ptn
40GE-2/1 up 光 129.1.1.21 255.255.255.252 to-agg-2-ptn
40GE-3/1 down 光
40GE-4/1 down 光
40GE-5/1 down 光
10GE-6/1 down 光
10GE-6/2 down 光
10GE-6/3 down 光
10GE-6/4 down 光
GE-7/1 down 光
GE-7/2 down 光
GE-7/3 down 光
GE-7/4 down 光
确定

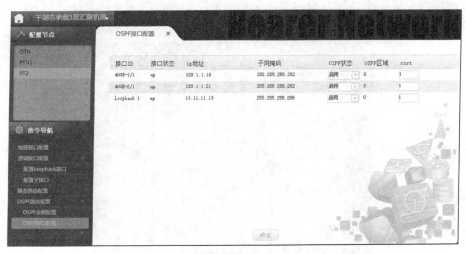

图　16-30

步骤 25：单击 OSPF 路由配置选项下的 OSPF 接口配置，启用 2/1 口 OSPF 协议，操作结果如图 16-31 所示。

千湖市承载1区汇聚机房
配置节点
OTN
PTN1
RT2
命令导航
物理接口配置
逻辑接口配置
配置loopback接口
配置子接口
静态路由配置
OSPF路由配置
OSPF全局配置
OSPF接口配置
OSPF接口配置
接口ID
接口状态
ip地址
子网掩码
OSPF状态
OSPF区域
cost
40GE-1/1 up 129.1.1.10 255.255.255.252 启用 0 1
40GE-2/1 up 129.1.1.21 255.255.255.252 启用 0 1
loopback 1 up 11.11.11.13 255.255.255.255 启用 0 1
确定

图　16-31

步骤 26：进入业务调试界面，再次通过状态查询查看 OSPF 邻居学习情况，其操作结果如图 16-32 所示。

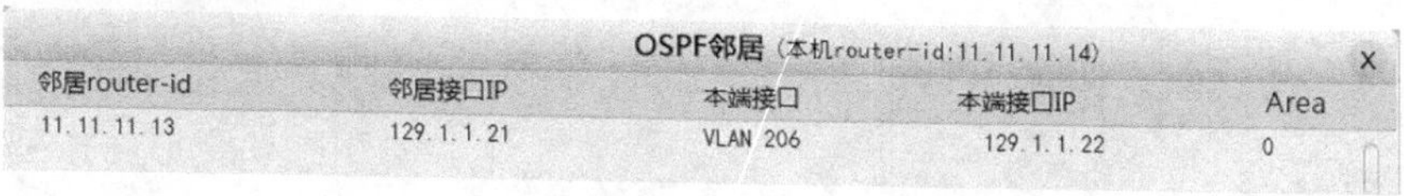

OSPF邻居 (本机router-id:11.11.11.14)					×
邻居router-id	邻居接口IP		本端接口	本端接口IP	Area
11. 11. 11. 13	129. 1. 1. 21		VLAN 206	129. 1. 1. 22	0

图 16-32

步骤 27：根据拓扑规划汇聚 2 区 PTN 设备有两个邻居，但在状态查询中只有一个邻居，中心 RT2 并未与其建立邻居关系，单击数据配置页签，进入中心 RT2 数据配置界面，将相关数据配置信息在拓扑图中进行标记，其操作如图 16-33 所示。

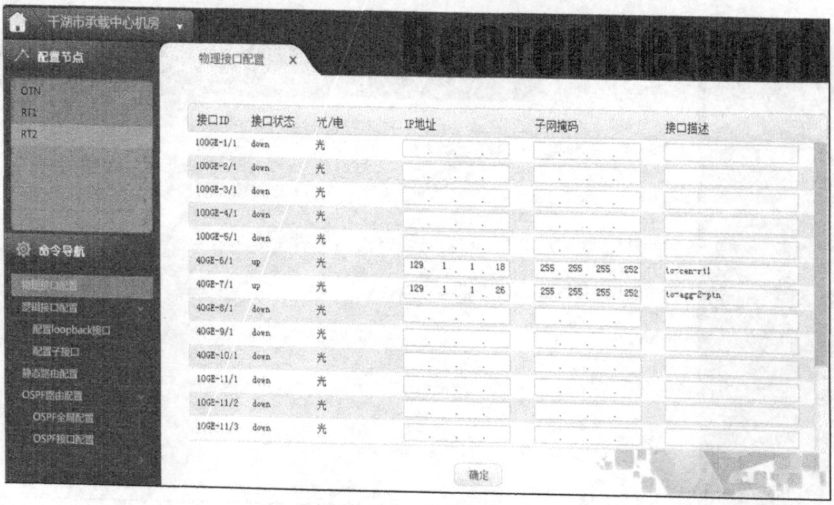

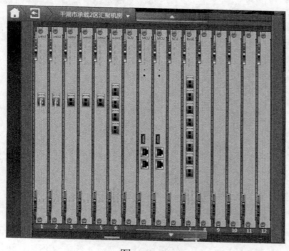

图 16-33

步骤 28：在数据配置中根据端口描述发现 RT2 与汇聚 2 区 PTN 对接时采用 40GE 端口，根据前期所提取的对接数据，汇聚 2 区 PTN 与 RT2 通过 OTN 对接时采用 10GE 端口，两侧端口速率不匹配，根据要求在设备配置中修改汇聚 2 区 PTN 与 OTN 设备的连线，操作如图 16-34 和图 16-35 所示。

图 16-34

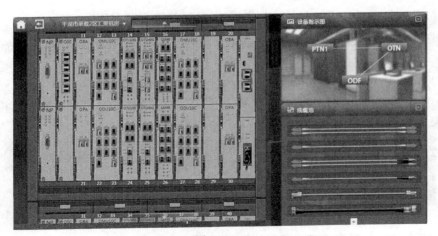

图　16-35

步骤 29：单击数据配置页签，进入承载网 2 区数据配置界面，将原有物理接口数据切换至新端口，操作如图 16-36 和图 16-37 所示。

图　16-36

图　16-37

步骤30：进入业务调试页签，单击状态查询按钮，对所有设备路由表信息进行查询，根据要求要实现 loopback 地址的互通则在路由表中必须学习到所有设备的 loopback 地址，在所有的路由表中发现除了与 A 区 PTN 设备相连的汇聚 1 区 PTN-1 设备通过静态路由学习到 A 区 PTN 设备的 loopback 地址外，其余设备均未学习到 A 区 PTN 设备的 loopback 地址，进入数据配置界面对汇聚 1 区 PTN-1 设备 OSPF 数据配置进行检查，其操作结果如图 16-38 和图 16-39 所示。

图　16-38

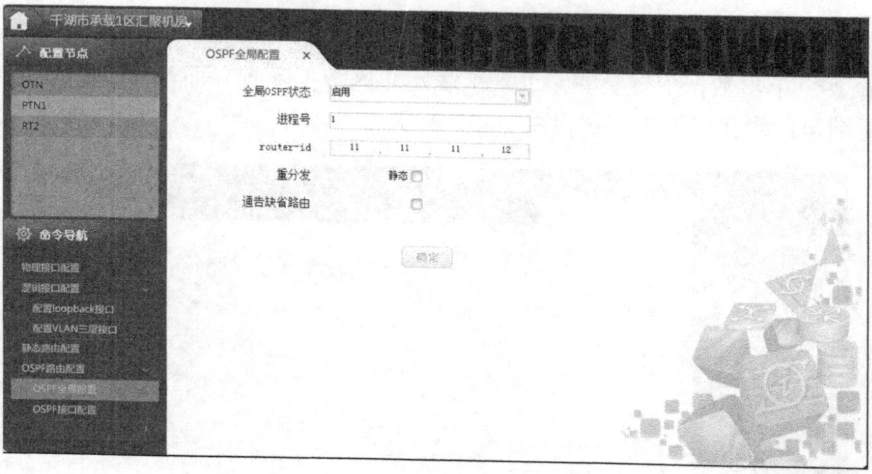

图　16-39

步骤31：通过数据配置发现汇聚 1 区 PTN-1 设备启用了 OSPF 协议，并且配置了到达 A 站点 PTN 设备 loopback 地址的静态路由，但未将此路由信息在 OSPF 中进行静态路由重分发，如图 16-40 所示，进行静态路由的重分发。

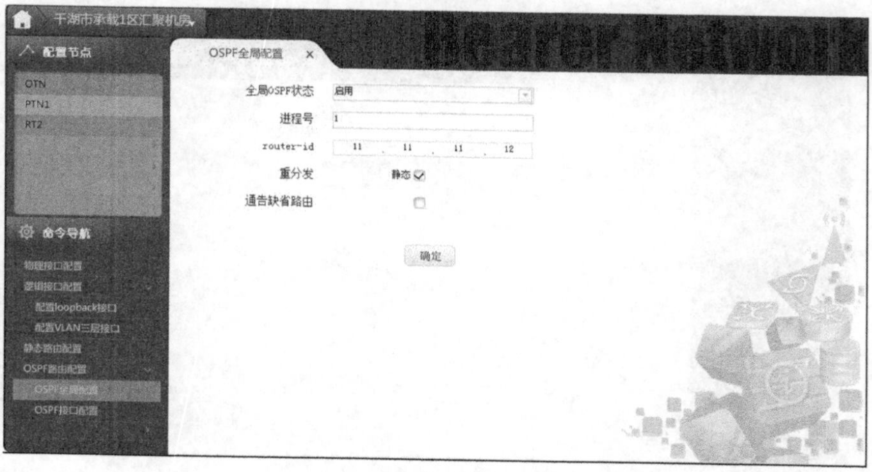

图　16-40

步骤 32：进入业务调试界面，单击状态查询按钮，查看所有路由器的路由表信息，如图 16-41 至 16-46 所示。

路由表

目的地址	子掩码	下一跳	出接口	来源	优先级	度量值
0.0.0.0	0.0.0.0	129.1.1.2	VLAN200	static	1	0
11.11.11.11	255.255.255.255	11.11.11.11	loopback 1	address	0	0
129.1.1.1	255.255.255.252	129.1.1.1	VLAN200	address	0	0

图 16-41　（A 站点）

路由表

目的地址	子掩码	下一跳	出接口	来源	优先级	度量值
11.11.11.11	255.255.255.255	129.1.1.1	VLAN200	static	1	0
11.11.11.12	255.255.255.255	11.11.11.12	loopback 1	address	0	0
129.1.1.12	255.255.255.252	129.1.1.13	VLAN203	direct	0	0
129.1.1.2	255.255.255.252	129.1.1.2	VLAN200	address	0	0
129.1.1.8	255.255.255.252	129.1.1.9	VLAN202	direct	0	0
11.11.11.13	255.255.255.255	129.1.1.10	VLAN 202	OSPF	110	2
11.11.11.14	255.255.255.255	129.1.1.10	VLAN 202	OSPF	110	3
11.11.11.15	255.255.255.255	129.1.1.14	VLAN 203	OSPF	110	2
11.11.11.16	255.255.255.255	129.1.1.14	VLAN 203	OSPF	110	3
129.1.1.16	255.255.255.252	129.1.1.14	VLAN 203	OSPF	110	2
129.1.1.20	255.255.255.252	129.1.1.10	VLAN 202	OSPF	110	2
129.1.1.24	255.255.255.252	129.1.1.14	VLAN 203	OSPF	110	3

图 16-42　（汇聚 1 区 PTN-1）

路由表

目的地址	子掩码	下一跳	出接口	来源	优先级	度量值
11.11.11.13	255.255.255.255	11.11.11.13	loopback 1	address	0	0
129.1.1.21	255.255.255.252	129.1.1.21	40GE-2/1	address	0	0
129.1.1.8	255.255.255.252	129.1.1.10	40GE-1/1	direct	0	0
11.11.11.12	255.255.255.255	129.1.1.9	40GE-1/1	OSPF	110	2
11.11.11.14	255.255.255.255	129.1.1.22	40GE-2/1	OSPF	110	2
11.11.11.15	255.255.255.255	129.1.1.9	40GE-1/1	OSPF	110	3
11.11.11.16	255.255.255.255	129.1.1.22	40GE-2/1	OSPF	110	2
129.1.1.12	255.255.255.252	129.1.1.9	40GE-1/1	OSPF	110	2
129.1.1.16	255.255.255.252	129.1.1.22	40GE-2/1	OSPF	110	3
129.1.1.24	255.255.255.252	129.1.1.22	40GE-2/1	OSPF	110	2
11.11.11.11	255.255.255.255	129.1.1.9	40GE-1/1	OSPF	110	21

图 16-43　（汇聚 1 区 RT）

路由表

目的地址	子掩码	下一跳	出接口	来源	优先级	度量值
11.11.11.14	255.255.255.255	11.11.11.14	loopback 1	address	0	0
129.1.1.22	255.255.255.252	129.1.1.22	VLAN206	address	0	0
129.1.1.25	255.255.255.252	129.1.1.25	VLAN205	address	0	0
11.11.11.12	255.255.255.255	129.1.1.21	VLAN 206	OSPF	110	3
11.11.11.13	255.255.255.255	129.1.1.21	VLAN 206	OSPF	110	2
11.11.11.15	255.255.255.255	129.1.1.26	VLAN 205	OSPF	110	3
11.11.11.16	255.255.255.255	129.1.1.26	VLAN 205	OSPF	110	2
129.1.1.8	255.255.255.252	129.1.1.21	VLAN 206	OSPF	110	2
129.1.1.12	255.255.255.252	129.1.1.21	VLAN 206	OSPF	110	2
129.1.1.16	255.255.255.252	129.1.1.26	VLAN 205	OSPF	110	2
11.11.11.11	255.255.255.255	129.1.1.21	VLAN 206	OSPF	110	22

图 16-44　（汇聚 2 区）

路由表							X
目的地址	子掩码	下一跳	出接口	来源	优先级	度量值	
11. 11. 11. 15	255. 255. 255. 255	11. 11. 11. 15	loopback|1	address	0	0	
129. 1. 1. 12	255. 255. 255. 252	129. 1. 1. 14	40GE-7/1	direct	0	0	
129. 1. 1. 16	255. 255. 255. 252	129. 1. 1. 17	40GE-6/1	direct	0	0	
11. 11. 11. 12	255. 255. 255. 255	129. 1. 1. 13	40GE-7/1	OSPF	110	2	
11. 11. 11. 13	255. 255. 255. 255	129. 1. 1. 13	40GE-7/1	OSPF	110	3	
11. 11. 11. 14	255. 255. 255. 255	129. 1. 1. 18	40GE-6/1	OSPF	110	3	
11. 11. 11. 16	255. 255. 255. 255	129. 1. 1. 18	40GE-6/1	OSPF	110	2	
129. 1. 1. 20	255. 255. 255. 252	129. 1. 1. 13	40GE-7/1	OSPF	110	3	
129. 1. 1. 24	255. 255. 255. 252	129. 1. 1. 18	40GE-6/1	OSPF	110	2	
129. 1. 1. 8	255. 255. 255. 252	129. 1. 1. 13	40GE-7/1	OSPF	110	2	
11. 11. 11. 11	255. 255. 255. 255	129. 1. 1. 13	40GE-7/1	OSPF	110	21	

图 16-45 　（中心 RT1）

路由表							X
目的地址	子掩码	下一跳	出接口	来源	优先级	度量值	
11. 11. 11. 16	255. 255. 255. 255	11. 11. 11. 16	loopback|1	address	0	0	
129. 1. 1. 18	255. 255. 255. 252	129. 1. 1. 18	40GE-6/1	address	0	0	
129. 1. 1. 24	255. 255. 255. 252	129. 1. 1. 26	40GE-7/1	direct	0	0	
11. 11. 11. 12	255. 255. 255. 255	129. 1. 1. 17	40GE-6/1	OSPF	110	3	
11. 11. 11. 13	255. 255. 255. 255	129. 1. 1. 25	40GE-7/1	OSPF	110	3	
11. 11. 11. 14	255. 255. 255. 255	129. 1. 1. 25	40GE-7/1	OSPF	110	2	
11. 11. 11. 15	255. 255. 255. 255	129. 1. 1. 17	40GE-6/1	OSPF	110	2	
129. 1. 1. 8	255. 255. 255. 252	129. 1. 1. 25	40GE-7/1	OSPF	110	3	
129. 1. 1. 12	255. 255. 255. 252	129. 1. 1. 17	40GE-6/1	OSPF	110	2	
129. 1. 1. 20	255. 255. 255. 252	129. 1. 1. 25	40GE-7/1	OSPF	110	2	
11. 11. 11. 11	255. 255. 255. 255	129. 1. 1. 17	40GE-6/1	OSPF	110	22	

图 16-46 　（中心 RT2）

步骤 33：根据要求单击 ping 测试进行相关的测试，其操作结果如图 16-47 所示。

操作记录				
开始时间 全部 ▼	结束时间 全部 ▼			
序号	时间	源地址	目的地址	结果
1	23:26:43	11. 11. 11. 11	11. 11. 11. 12	成功
2	23:26:53	11. 11. 11. 11	11. 11. 11. 13	成功
3	23:26:59	11. 11. 11. 11	11. 11. 11. 14	成功
4	23:27:04	11. 11. 11. 11	11. 11. 11. 15	成功
5	23:27:09	11. 11. 11. 11	11. 11. 11. 16	成功
6	23:27:47	11. 11. 11. 12	11. 11. 11. 11	成功
7	23:27:54	11. 11. 11. 12	11. 11. 11. 13	成功
8	23:27:57	11. 11. 11. 12	11. 11. 11. 14	成功
9	23:28:02	11. 11. 11. 12	11. 11. 11. 15	成功
10	23:28:06	11. 11. 11. 12	11. 11. 11. 16	成功
11	23:28:25	11. 11. 11. 13	11. 11. 11. 11	成功

图　16-47

根据要求列举出本任务中的所有故障点如下：

1. 千湖市 A 站点 PTN 设备与千湖市汇聚 1 区 PTN 设备对接时端口速率不一致。

2. 千湖市汇聚 2 区 PTN 设备 OSPF 全局及 OSPF 接口未启用。

3. 千湖市汇聚 1 区路由器设备与千湖市汇聚 2 区对接时接口 IP 不在同一网段且与其他 IP 地址冲突。

4. 千湖市汇聚 2 区与千湖市中心机房 RT2 对接时两侧端口速率不匹配（一端与 OTN 设备相连时使用 10GE 端口，另一端与 OTN 设备相连时采用 40GE 端口）。

5．千湖市汇聚 1 区 PTN 设备静态路由未进行重分发。

16.4　总结与思考

16.4.1　实习总结

在进行承载网的故障排查时必须有清晰的思路，首先查看当前是否有告警，如果有告警先将当前告警消除，在消除当前的告警时逐步地完善拓扑中的各节点数据信息（IP 地址信息、VLAN 信息、接口信息），其次按照任务要求来查看相关的路由表信息，查看在相关设备路由表中是否学习到了要访问目的地的路由信息，在进行路由学习的过程中可以通过业务调试中的 ping 和 trace 工具来判断故障发生点，承载网中的故障点告警信息相对来说较少，因此需要动手将拓扑中的完整数据信息在拓扑中进行标注，以便于故障的排查定位。

16.4.2　思考题

1．在承载网中如果两个节点 IP 地址冲突，在告警中是否会有相关告警？
2．如何判断在网络中存在 IP 地址冲突？

16.4.3　练习题

在网络中两个节点的 router-id 是否可以一样，如果一样会出现什么样的问题？